数字城市地理空间框架理论与方法

Theory and Method in Spatial Data Infrastructure of Cyber City

李维森　李成名　著

测绘出版社

·北京·

内容简介

本书在系统分析测绘地理信息需求产生的革命性变化的基础上，指出数字城市地理空间框架建设是城市信息化发展的必然趋势。详细阐述了地理空间框架、基础地理信息数据库和地理信息公共平台三个原理性概念之间的区别与相互关系，界定了地理空间框架的内涵与外延。研究探讨了构建数字城市地理空间框架的三套技术体系，即平台数据生产、平台建设服务和平台同步更新。以“数字临沂”地理空间框架建设为例，采用数字城市地理空间框架原理性概念以及三套技术体系，介绍了如何建设一个城市的地理空间框架。最后，总结与展望了数字城市地理空间框架建设及测绘地理信息的下一步发展。

本书可作为数字城市相关专业硕士生、博士生的教材，也可作为数字城市高级研究人员、框架建设人员以及专业应用研发人员的参考用书和技术指南。

图书在版编目 (CIP) 数据

数字城市地理空间框架理论与方法 / 李维森，李成名著. —北京：测绘出版社，2015.10
ISBN 978-7-5030-3605-7

Ⅰ.①数… Ⅱ.①李… ②李… Ⅲ.①数字技术—应用—城市地理—地理信息系统 Ⅳ.① P91-39

中国版本图书馆 CIP 数据核字 (2014) 第 278693 号

责任编辑 沈万君　**封面设计** 李　伟　**责任校对** 董玉珍　**责任印制** 喻　迅

出版发行	测绘出版社	**电　话**	010—83543956（发行部）
地　址	北京市西城区三里河路 50 号		010—68531609（门市部）
邮政编码	100045		010—68531363（编辑部）
电子信箱	smp@sinomaps.com	**网　址**	www.chinasmp.com
印　刷	北京建筑工业印刷厂	**经　销**	新华书店
成品规格	169mm × 239mm		
印　张	11	**字　数**	210 千字
版　次	2015 年 10 月第 1 版	**印　次**	2015 年 10 月第 1 次印刷
印　数	0001—1500	**定　价**	48.00 元

书　号 ISBN 978-7-5030-3605-7/P · 779
本书如有印装质量问题，请与我社门市部联系调换。

前 言

数字城市地理空间框架是一个纵向与国家、省区框架互通，横向与各行业部门专题系统互联的城市信息化空间基础平台，是数字中国的重要组成部分，是我国新型城镇化的重要保障。

自 1963 年世界上第一个地理信息系统建立以来，国内外一直以数据型地理信息系统为核心构建地理空间框架，但随着越建越多，系统孤岛化和空间基底不统一的问题日益凸显。30 多年来，国内外一直不懈努力，进行了数据交换格式、网络互操作、功能组件化等积极尝试。特别是近 10 年，网络服务技术问世以后，国内外基础软件开始探索扩展地图服务，将离线和在线交换数据发展到网上交换地图服务，尽管增强了系统间数据交换的便捷性，但仍难以实现系统的互联互通和空间基底的统一。

我国共享理念滞后、城市发展迅速和系统种类庞杂，系统孤岛化和空间基底不统一现象尤为突出，已成为城市信息资源共享与业务协同的最大障碍，严重制约城市信息化发展。究其科学问题为：一是没有从根本上突破数据型地理空间框架的思想桎梏，二是没有形成系统的地理信息网络化服务理论，三是缺乏以服务为核心的新一代基础软件。

在国家科技部“863”重点计划项目、信息产业部电子发展基金、国家标准化委员会标准制修订计划以及国家测绘地理信息局基础测绘等多个项目的联合资助下，经过近 10 年的努力，作者及其科研团队系统地研究了数字城市地理空间框架的理论技术、平台创建、统一支撑和标准研制等难题，实现了地理空间框架从数据型到服务型的历史性跨越，开启了我国地理信息在线统一服务的新纪元。本书的出版得到了测绘地理信息公益性行业科研专项（201412003）的资助。

本书是这些研究成果的高度概括和浓缩后的精华。第 1 章首先阐述了对测绘本质及实践中各部分作用的理解，说明需求的变化和科技的进步是推动测绘发展的双重动力，然后详细分析了用户、定位、载体和服务方式四个方面的需求变化及其带来的影响，最后明确指出测绘地理信息工作的开展应遵循地理信息发展的趋势。第 2 章详细阐述了地理空间框架、基础地理信息数据库和地理信息公共平台三个原理性概念之间的区别与相互关系，界定了地理空间框架的内涵与外延，介绍了每个概念所包含的具体内容及构成。第 3 章至第 5 章，分别介绍了构建数字城市地理空间框架的三套技术体系，包括平台数据生产技术体系、平台建设服务技术体系和平台同步更新技术体系，对每个体系的技术架构和技术内容进行了详细的阐述，并以拥有自主知识产权的国产地理信息基础软件 NewMap 为例，介绍了三套技术体系的核心装备情况。第 6 章聚焦到一个具体的城市——山东省临沂市，采用本书介绍的原理性概念以及三套技术体系，介绍了“一库、一平台和若干应用示范”地理空间框架建设的全流程，为全国数字城市建设提供了有益的借鉴与参考。第 7 章总结了数字城市地理空间框架建设的经验教训，探讨了智慧城市的定位、认识，以及测绘地理信息在智慧城市建设中的作用。

本书在数字城市地理空间框架原理方法、平台技术和建设流程方面进行了成功的实践，经总结提炼，以飨读者。囿于作者的知识面有限和研究对象本身的复杂性，有失偏颇之处，敬请斧正。

目　录

Contents

第1章 需求变化引发的思考

测绘是对自然地理要素或者地表人工设施的形状、大小、空间位置及其属性等进行测定、采集、表述以及对获取的数据、信息、成果进行处理和提供的活动[1]，究其本质是对真实世界的综合表达。实施这一活动的主体是具有专业知识与专门技能的人群，客体是现实世界，其结果是测绘产品，最终用途是帮助人类足不出户或者不必亲自实践就能科学地认识现实世界。当今社会，需求的变化和科技的进步是持续驱动测绘前行的双重动力[2，3]，特别是测绘从模拟走向数字以来，测绘以前所未有的加速度发展，其变化量逾越模拟时代几十年乃至上百年。

1.1 用户变化及其影响

1.1.1 用户变化

测绘专业人士利用专业的测绘工具，将现实世界的测量结果使用规范的地图语言表达出来，提供给第三方。作为第三方的用户，长期以来大多是具有一定基础测绘知识的人士，能读懂且会用地图与地理信息，而这些用户通常分布在国土、规划、房产、水利、林业、交通等所谓的“强GIS①”部门。这一时期，用户范围相对窄，专业性强，对地图与地理信息的精度要求较高、形状务必准确；由于这些部门后期在测绘产品基础上，要添加本部门丰富的属性信息，对测绘产品的属性反倒要求不高，测绘部门只需提供通用的测绘产品，即符合国家、行业规范的产品，根本不必担心应用问题，因为“强GIS”部门对规范、对如何应用有足够的认知、理解和技术能力。

近年来，全球性的数字化、信息化步伐加速，国外一些权威统计机构调查分析资料表明，几乎没有什么部门能够离开地图与地理信息，其应用范围也自然而然地从“强GIS”部门逐渐拓展至“弱GIS”部门——如工商、税务、统战、发改、党委等，成为电子政务的基础性信息。这一时期，用户不再局限于具有一定基础测绘知识的专业人群，而是逐渐普及到无专业背景的普通用户。普通用户读不懂专业地图与地理信息，并且也不再追求高精度、准形状，相反更关注附载在地图

① GIS, geographic information system, 地理信息系统。

与地理信息之上感兴趣的目标及其属性，测绘引以为豪的精度和形状很自然地难以引起“弱 GIS”部门的共鸣，所关注的目标及其属性匮乏却让人缺乏使用的欲望。一些部门和企业开始致力于弥补这一遗憾，在通用的地图与地理信息产品之上，添加一些关注的目标及属性，制作生产政务电子地图，以满足“弱 GIS”部门的应用需求，取得了事半功倍的效果。

几乎同时，在我国通过技术手段解决了地图与地理信息保密瓶颈后[2]，地图与地理信息产品才以几何级数式增长的速度开始了大众化。其中，导航领域最具代表性，短短十年时间，智能手机、便携式导航设备、汽车、家用电器等带有导航功能的电子产品广为普及，再加上国际互联网络的推波助澜，数以十亿计的普通老百姓变成了地图与地理信息的忠实用户，精度、信息内容、表达方式、存储介质等无不在颠覆人们对地图与地理信息传统的理解和认知（见图 1.1）。用户群体的变化蕴含了巨大的商机，吸引着具有国际影响力的资本、企业迅速介入，不断翻新地图与地理信息的产品模式和服务方式，潜移默化地影响业内外的思想和行为。

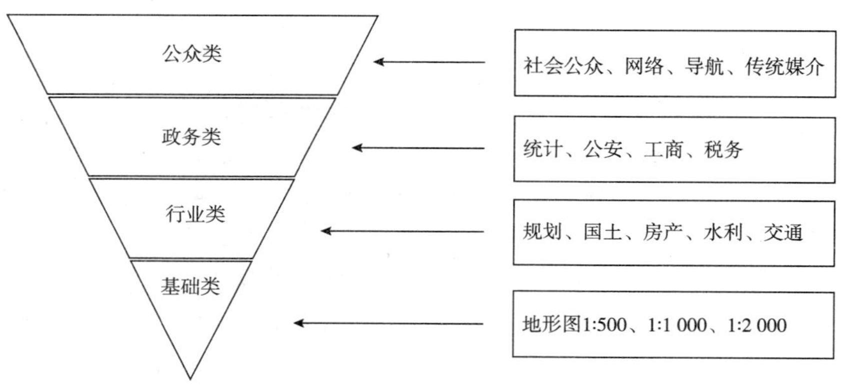

图 1.1 地图与地理信息用户的变化

1.1.2 带来的影响

地图与地理信息用户从专业化走向大众化，不仅仅表现在数量上的井喷式增长，而且结构也产生了质变，无疑会导致需求潜移默化地发生变化，进而言之，这些变化又对地图与地理信息发展产生了不可小觑的影响。内容上，从着重考虑自然特性为主向社会属性逐渐扩展；精度上，从一元精度向多元化发展。总之，随着专业化走向大众化，用户对感兴趣的目标及其属性要求越来越高，对精度要求反倒越来越低，其变化规律如图 1.2 所示。

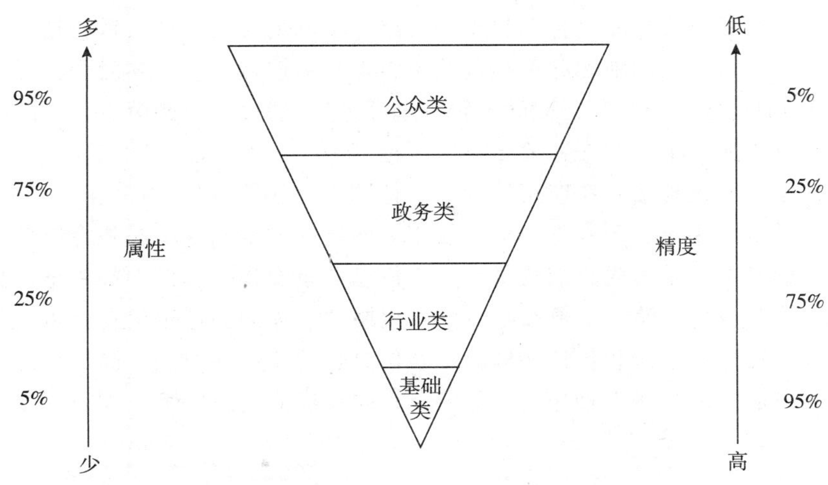

图 1.2 用户需求在精度和内容方面的变化规律

1.1.3 思考分析

测绘包括测量与绘图。前文对用户变化及影响的分析表明，仅仅注重位置和形状的测绘已经远远不能够满足用户的需求，用户感兴趣的目标及其属性的定位调查突显出前所未有的重要。适者生存，在传统专业测绘队伍的犹疑和彷徨中，一批冲破传统思维桎梏、敢为天下先、对市场需求异常敏锐的现代企业，在地图与地理信息通用产品的基础上，调查感兴趣的目标及属性信息，生产制作能够满足普通老百姓吃、住、行、游、购、娱等要求的大众化地图。短短几年时间，高德软件、四维图新、凯立德、腾讯等公司推出了基于位置的地图服务系列产品，既向大众普及了地理信息，同时自身也得到社会广泛认同和飞速发展，人数规模从几十人壮大至数千人，在美国、香港、深圳等地上市。反观传统测绘单位，惯性思维导致在新兴的大众化地图服务市场中占有的市场份额很低。

1.2 定位变化及其影响

1.2.1 定位变化

模拟时代的地图反映了地形、地貌、水系、植被、土质等自然状况，旨在承载国土、规划、建设、水利、环保等部门的专题内容，是这些专业部门在空间上“精打细算”、开展各自业务工作的背景图，如画上规划红线就成为了规划图，追加桩点坐标就成为了施工放样图。这个时期地图的定位是背景参考。

进入数字化阶段以后，模拟时代“地图”的称谓渐渐被“地理信息”所取代。

地理信息可以任意叠加专题信息，少则几层，多则能达几十层、数百层，甚至上千层，并且实体化后的地物亦可挂接几十、上百项属性信息，相对模拟时代的地图，地理信息的定位与作用已变为各种专题信息集成叠加的“空间基底”，如图1.3所示。与过去显著不同的是，地图在应用过程中，一件产品每次只能供一个用户拥有和使用，而地理信息在应用过程中，特别是进入网络化时代后，一件产品甚至同时可供多个用户、多种空间信息使用。而统一的空间参考，是专题信息在空间上统一的基准，是集成叠加的平台，是信息共享交换的基础。如果把信息基础设施比喻成“高速公路”，那么唯一的、权威的、通用的地理信息就可喻为运行在路上的“货车”，荷载各种各样的专题信息送达网络各节点。简而言之，模拟时代的地图是方便“人”使用的，数字时代的地理信息是方便“机器”使用的。

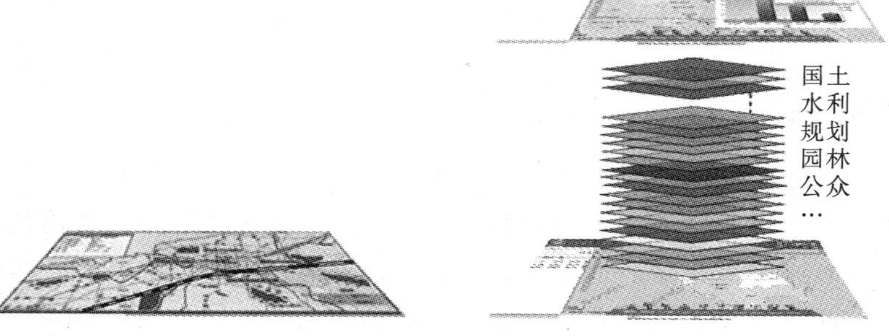

(a) 模拟纸质地图　　(b) 数字城市地理信息公共平台——空间基底

图 1.3　不同时代地图和地理信息的定位

1.2.2　带来的影响

模拟时代，测绘技术人员面对客观现实世界，不仅要测量，而且还要使用地图符号表达。各应用部门在图上作业时，技术人员首先要熟练掌握表达客观现实世界的“地图语言”——地图符号及规则 [5] 等，要具备读懂地图的能力，然后再标绘本专业的信息内容，形成一张基于地图的部门专业图件，如图1.4（a）。在这个阶段，“地图语言”形成的核心驱动力是方便人类的“易写、易读、易懂”，如注记高程时，应断开连续的等高线；整个地图符号系统和规则以愉悦人类视觉为最终目的。

进入数字化时代，相当长一段时期人们只是把模拟地图通过数字化变成数字化地图，承载的介质变了，但其本质未变。当业界认识到数字化的模拟图使用价值有限，并且逐渐认清空间分析、高效处理的要求以后，地理信息建库数据及其整套工艺流程开始形成，并逐渐成为主导形式。这一提升的本质是地图的一次重大变革，其定位已经从愉悦人类视觉的地图开始走向愉悦机器视觉的地图，如图1.4（b）。

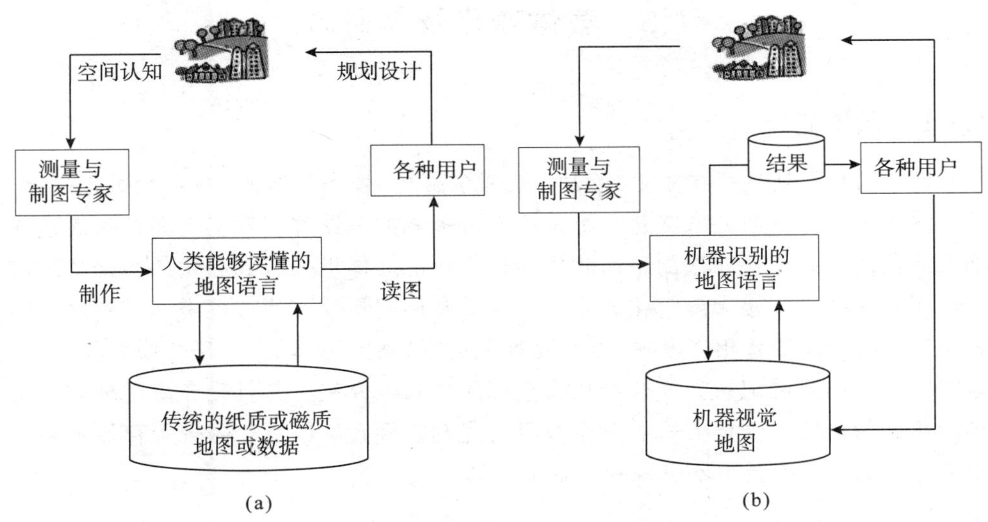

图 1.4　不同时代地图的定位

机器视觉地图的出现，是数字化时代向智能化时代过渡的开端。由于没有完全定位到智能化时代进行顶层设计，而是需求拉动下的自然发展，导致今天模拟时代、数字时代和智能化时代的数据组织方式、表达手段和分析方法并存，用户各取所需。但未来从模拟到数字再到机器视觉地图，是地理信息制图技术发展的必然趋势。

1.2.3　思考分析

机器理解地图与人类理解地图差异较大。尺度方面，1:500、1:1 000、1:2 000 等系列尺度易于人类的口算心算，而在计算机“0”“1”二进制环境中，若继续沿用这种尺度系列已不适宜，而应该采用更符合计算机“口算心算”的尺度（2^n），如 1、4、16、64、256、1 024 等。组织方面，实体化组织方式取代了点、线、面基本空间数据模型。形式上，不再是矢量或栅格，而是以多级地图瓦片形成的“金字塔”[6]。形式上，更多是易于机器理解识别的表达模式。多年来，测绘人一直在模拟时代的思维惯性下，开展数字化，始终没有摆脱模拟地图根深蒂固的影响，相反倒是跨界而来的谷歌地图成为了网络瓦片“金字塔”地图的先驱，开辟了地理信息在线服务的全新境界。随着自动化、智能化的要求和呼声越来越高，站在全新的高度，系统地思考地理信息的抽象、表达、组织、分析等理论与方法，才能构建起智能化技术体系，从而加快数字化到智能化的过渡。

1.3 载体变化及其影响

1.3.1 载体变化

地理信息最初从画在树皮、石块，篆刻在铜鼎、瓷陶等器皿，到标绘纸张之上，尽管载体不同，本质并未变化，都是把丰富多彩的三维客观现实世界抽象表达在平面或曲面上。依托缩微的平面载体表达广阔的立体世界，如起伏的山峦浓缩成一圈圈等高线，高楼大厦简化为底座轮廓线及层高标注，诸如此类。这种用二维表达三维的手段尽管相当成熟，但有时难免捉襟见肘、力不从心。磁介质普及以后，地图与地理信息的记录方式开始从模拟介质转向磁介质，并且磁介质逐渐成为主导的存储与传输、交换方式。时至今日，光盘、硬盘、U 盘、磁带等存储设备已经成为人们生产生活中不可缺少的基本工具。

1.3.2 带来的影响

磁介质完全能够以数字形式虚拟化地将客观现实世界表达并记录下来，彻底突破了高维空间必须降维表示的限制。三维世界表达，如起伏的地形、地下纵横交错的管线、地上鳞次栉比的高楼大厦都可以在数字化的环境中通过三维的手段真实再现。磁介质给人类提供了以三维形式表达三维世界的工具和手段，会带来地图表达语言的深刻变化：地图符号更加形象、表达规则更加复杂、效果更加贴近真实。

1.3.3 思考分析

早已熟知的比例尺、图示规范等地图表达方法，到了三维环境中，基本失去了其固有的本质和内涵，取而代之的是模型等级（即层次细节）、视点远近等新内容，投影方式也从平行投影变成了中心投影，高度、距离、面积、体积的量测也不再是按图上距离与实际距离对应的比例尺进行简单的倍数换算。然而，用三维表达现实客观世界时，究竟从现实世界中抽象什么内容、如何表达、怎样处理相互之间的关系等等，在今天意见仍不统一。实际建设中，悬殊高达十几倍的三维建模市场价格也从一个侧面反映了认识不一、各执己见的乱象。尽早进行规范是共识，但不能从二维到三维简单地外延，而应站在三维表达世界的高度，借鉴二维表达世界的经验，重新审视和构架三维表达世界的地图文字、语法等系统化的理论与方法。

1.4　服务方式变化及其影响

1.4.1　服务方式变化

20世纪80年代末到90年代初，在计算机、局域网等信息技术的支撑和推动下，测绘地理信息领域实现了从模拟到数字化的变革。测绘地理信息服务方式逐步由提供模拟地图转变为提供硬拷贝数据，受时间、批次、供应单位、用户再加工等诸多因素的影响，形成以地理信息为基础的专题应用系统，其空间基底五花八门、多种多样，甚至成为信息化推进过程中的“瓶颈”。在突发事件应急、综合信息集成、部门精细化管理与宏观决策等过程中，由于空间基底的不统一，导致信息整合耗时费力，分析结果缺少可靠性。因此，整个区域建立一个连续的、统一的、权威的、唯一的空间基底或地理空间框架支撑国民经济信息化和当地经济社会发展刻不容缓、势在必行。

1.4.2　带来的影响

如何在一个区域形成一个统一的地理信息支撑？一种思路是集中式，依托四大数据库的建设，把地理信息统一硬拷贝提供给综合部门，与其他专题信息集成后对外服务，但地理信息，特别是与经济社会发展密切相关的要素如交通、居民地等内容变化快，缺乏测绘地理信息专业队伍长期及时更新维护，难以满足政府及各部门对地理信息的现势性要求。另一种思路是沿袭传统数据提供的思路，即硬拷贝，长期提供的结果势必造成基底不统一。本书作者及其科研团队在国际上率先依托广域网络，提出测绘地理信息数据“分布式存储、逻辑式集中、‘一站式’服务”的理念，完全不同于以上的“数据物理集中式”和“数据硬拷贝式”，为有别于过去的方式，凸显其特点，谓之“地理信息公共平台”[7]。如同电网一样，用户打开开关，电灯即亮，关闭开关，电灯即灭，这背后有一张强大的电网支撑着，用户不用也无须关心电流源自何方，只需按流量付费即可。地理信息公共平台的背后有互联互通、协同服务的国家、省、市、县，甚至乡镇、村多级节点构成的地理信息网支撑。授权用户也无须关心各种尺度的地理信息数据源自何处，键入网址就可调用丰富的地理信息服务、二次开发接口与功能。

1.4.3　思考分析

地理信息公共平台替代传统的数据提供方式，在互联网时代为用户提供在线服务，实际上是通过技术的手段，实现测绘地理信息数据的“使用权”与“所有权”的有效分离。一是解决了测绘人硬拷贝时代的尴尬：提供数据，死路一条，因为一旦数据对外提供，很难限制拷贝、复制等扩散行为，高付出仅得到一次回报；

不提供数据，必然导致各应用部门从不同的渠道获取数据，测绘地位和价值就会不断边缘化。二是方便使用，众多用户只享有使用权，不必为所有权买单，费用锐减，而且所用的是最现势的数据。三是促进共享，当各类用户都把自身与空间位置有关的信息放在统一的地理信息公共平台上，不仅可消除因空间基底不统一造成的信息孤岛，而且可以充分享用大量信息资源共享带来的倍增价值。

1.5 小结

近年来，测绘地理信息需求发生了革命性的变化，对地图和地理信息的抽象、表达、存储、管理、服务和应用带来了深远的影响。本章透过表象、追根溯源、科学划段、提取特征，揭示信息化时代地图与地理信息发展的脉络，预见其发展趋势。

第2章 原理性概念

地理空间框架是测绘地理信息行业耳熟能详的一个词语，但又经常被业内外专业和非专业人士所误解。有人将其解读为地理信息的几个核心要素，是地理信息的子集；有人将其解读为整个测绘活动中涉及的数据、工具、政策、标准、人力、机构的总称，近似空间信息基础设施。特别是2006年以后，地理信息公共平台概念的提出，进一步加剧了认识上的混乱。地理空间框架、基础地理信息数据库、地理信息公共平台等几个十分简单的概念，在不同级别的文件专家研讨、标准审查会上，仍然是内涵模糊、认识各异。直到2009年，《地理空间框架基本规定》《地理信息公共平台基本规定》和《基础地理信息数据库基本规定》三个行业标准的出台，这几个概念的内涵及相互之间的关系才得以明晰。

2.1 地理空间框架

2.1.1 概念

地理空间框架是地理信息数据及其采集、加工、交换、服务所涉及的政策、法规、标准、技术、设施、机制和人力资源的总称，由基础地理信息数据体系、目录与交换体系、公共服务体系、政策法规与标准体系和组织运行体系等构成[8]。

2.1.2 内容构成

地理空间框架由基础地理信息数据体系、目录与交换体系、公共服务体系、政策法规与标准体系和组织运行体系五部分构成，如图2.1所示。基础地理信息数据体系是地理空间框架的核心，包括测绘基准、基础地理信息数据、面向服务的产品数据、管理系统和支撑环境。目录与交换体系是地理空间框架共建共享的关键，包括目录与元数据、专题数据、管理交换系统和支撑环境。公共服务体系是地理空间框架应用服务的表现，包括地图与数据提供、在线服务系统和支撑环境。政策法规与标准体系和组织运行体系是地理空间框架建设与服务的支撑和保障。

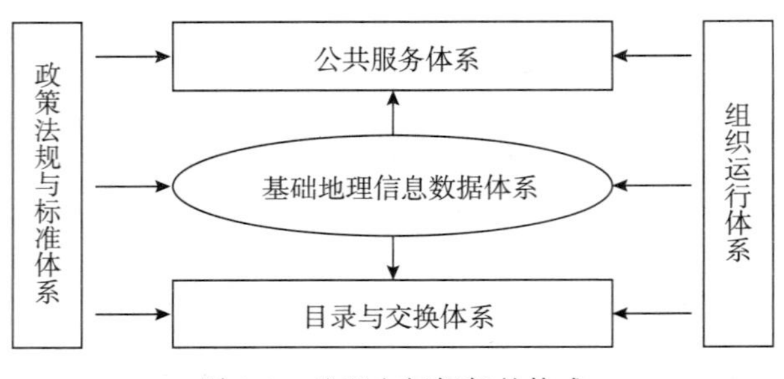

图 2.1 地理空间框架的构成

1. 基础地理信息数据体系

1）测绘基准

测绘基准是进行各种测量工作的起算数据和起算面，是确定地理空间信息的几何形态和时空分布的基础，是表示地理要素在真实世界的空间位置的基准，对于保证地理空间信息在时间域和空间域上的整体性具有重要作用。

测绘基准主要包括大地基准、高程基准、重力基准和深度基准。其中大地基准由大地坐标系统和大地坐标框架组成，目前我国采用 2000 国家大地坐标系。高程基准由高程控制网和似大地水准面具体体现，目前我国采用 1985 国家高程基准定义的黄海平均海水面作为全国统一的高程起算面。重力基准由重力基本网体现，目前我国采用 2000 国家重力基本网。深度基准是海图及各种水深资料的深度起算面，在我国沿岸海域采用理论最低潮位，在内陆水域采用设计水位。

2）基础地理信息数据

基础地理信息数据是用来作为统一的空间定位框架和空间分析基础的地理信息数据，反映和描述了地球表面测量控制点、水系、居民地及设施、交通、管线、境界与政区、地貌、植被与土质、地籍、地名等有关自然和社会要素的位置、形态和属性等信息。

基础地理信息数据主要包括大地测量数据、数字线划图 (digital line graphic, DLG) 数据、数字正射影像 (digital orthophoto map, DOM) 数据、数字高程模型 (digital elevation model, DEM) 数据和数字栅格地图 (digital raster map, DRM) 数据。大地测量数据包括三角（导线）测量成果、水准测量成果、重力测量成果以及 GNSS（global navigation satellite system）测量成果等。数字线划图数据包括测量控制点、水系、居民地及设施、交通、管线、境界与政区、地貌和植被与土质等要素层，对应的比例尺系列应为 1:100 万、1:50 万、1:25 万、1:10 万、1:5 万、1:2.5 万、1:1 万、1:5 000、1:2 000、1:1 000 和 1:500。数字正射影像数据包括航空摄影影像和航天遥感影像，可以为全色的或多光谱的，按地面分辨率分为 30 m、15 m、5 m、2.5 m、1 m、0.5 m、0.2 m 和 0.1 m 等。数字高程模型数据包括地面规则网格点、特征点数据及边界线数据等，按规则网格间距分为 1 000 m、

100 m、25 m、12.5 m、5 m 和 2.5 m 等。数字栅格地图数据包括通过地形图扫描纠正和数字线划图转换形成的数据，比例尺系列应为 1:100 万、1:50 万、1:25 万、1:10 万、1:5 万、1:2.5 万、1:1 万、1:5 000、1:2 000、1:1 000 和 1:500。

3）面向服务的产品数据

面向服务的产品数据是在基础地理信息数据基础上，经过提取、扩充和重组等处理，形成的面向应用的数据。

面向服务的产品数据主要包括地理实体数据、影像数据、地图数据、地名地址数据和三维景观数据等。地理实体数据以基础地理信息数据为基础，把反映和描述现实世界中独立存在的自然地理要素、经济社会要素或者地表、地下人工设施的形状、大小等与空间位置与地理分布有关的信息，采用面向对象的方法重组形成的数据。影像数据以航空摄影影像、航天遥感影像等数据源为基础，经匀色、反差调整、重影消除和镶嵌等处理，形成的栅格数据，以及按一定尺寸裁切构成的多级瓦片数据。地图数据以基础地理信息数据为基础，经多尺度融合、符号化表达、图面整饰等加工处理，形成的色彩协调、图面美观的图形数据，以及按一定尺寸裁切构成的多级瓦片数据。地名地址数据包括行政区划以及街巷、标志物、门楼等要素的规范化名称、空间位置、属性及地理编码等信息内容。三维景观数据以影像数据和数字高程模型数据为基础，叠加地理要素的三维模型，形成的三维可视化数据；以及按一定尺寸裁切的影像、数字高程模型多级瓦片数据和地理要素可视化表达的不同层级三维模型数据。

4）管理系统

管理系统实现基础地理信息数据的管理、维护与分发，具备数据输入输出、编辑处理、提取加工、显示浏览、查询检索、统计分析、数据更新、安全管理以及历史数据管理等功能，应具有安全、海量数据高效管理、可扩展、可维护、可移植和运行稳健的特点。

5）支撑环境

支撑环境是支持基础地理信息数据管理和维护的软硬件及网络系统，包括操作系统、数据库软件、专业地理信息系统软件、服务器设备、数据存储备份设备、外围设备、安全设备以及涉密的局域网或专网等。

2. 目录与交换体系

1）目录与元数据

元数据包括编目、标识、内容、限制、数据说明、发行、范围、空间参考系、继承、数据质量等信息内容。目录是基于元数据面向不同类型需要生成的树形结构信息，用于展现信息资源之间的相互关系。

2）专题数据

专题数据是由行业部门或单位按照统一标准规范、在业务数据基础上整合形成的可用于共享的数据，以扩展图层的形式提供服务。

3）管理交换系统

管理交换系统实现面向服务的产品数据和专题数据的管理以及相互之间的交换，具备目录与元数据、地理实体数据、影像数据、地图数据、地名地址数据和三维景观数据等的管理功能，以及目录与元数据注册、数据连接、数据发送、数据接收和数据同步等交换功能。

4）支撑环境

支撑环境是支持目录与交换体系运行和维护的软硬件及网络系统，包括操作系统、数据库软件、专业地理信息系统软件、服务器设备、数据存储备份设备、安全设备等。在部署运行网络时，应严格按照国家相关保密政策的要求，涉密的数据只能在涉密网中共享与交换。

3. 公共服务体系

1）地图与数据提供

地图与数据提供是以离线的方式，向用户提供模拟地图，或者借助硬盘、光盘、磁带等存储介质，通过硬拷贝对外提供基础地理信息数据。

2）在线服务系统

在线服务系统一般指门户网站，包括在线地图、标准服务接口、应用开发接口和运行维护管理等方式，满足用户在线获取与应用地理信息，快速分布式构建其专题系统的需求。

3）支撑环境

支撑环境是支持公共服务体系运行和维护的软硬件及网络系统，包括操作系统、数据库软件、专业地理信息平台软件、服务器设备、安全设备等。在部署运行网络时，应严格按照国家相关保密政策的要求，涉密的数据只能在涉密网中提供服务。

4. 政策法规与标准体系

1）政策法规

地理空间框架的规划、设计、建设与应用应遵守国家统一制定的基础地理信息分级分类管理、使用权限管理、交换与共享、开发应用、知识产权保护和安全保密等方面的政策法规。

2）标准

地理空间框架的建设与应用应执行正式颁布的有关要素内容、数据采集、数据建库、产品模式、交换服务、质量控制和安全保密处理等方面的国家标准、行业标准和国家或行业标准化指导性技术文件。

5. 组织运行体系

1）组织协调

在国家测绘地理信息行政主管部门的指导下，成立地理空间框架建设与应用的组织协调机构，组织地理空间框架的建设实施，建立健全更新与维护的长效机制，推动地理空间框架的共享、应用与服务。

2）运行维护

依托省区、市（县）测绘地理信息主管部门，成立地理空间框架运行与维护的专门机构，提高技术人员的知识水平和专业技能，落实地理空间框架更新计划，及时解决地理空间框架运行中的问题，保证地理空间框架的持续更新和长期服务。

2.1.3　层次分级

数字中国地理空间框架是一个全国统一的整体。数字省区、数字城市等数字区域地理空间框架是数字中国地理空间框架的有机组成部分，与数字中国地理空间框架在总体结构、数据体系、标准体系、网络体系和运行平台等方面是统一的和协同的。

数字城市是数字中国的重要组成部分和优先发展内容，其要能够实现纵向和横向的贯通，如图 2.2 所示。纵向要实现国家、省区和市（县）三级框架的上下联通，构成数字中国从宏观到微观信息流的主干。横向上，一方面空间域要畅通，实现相邻省市之间基础地理信息的联通；另一方面属性域也要畅通，实现城市内部基础地理信息与各部门专题信息之间的有机集成和叠加。

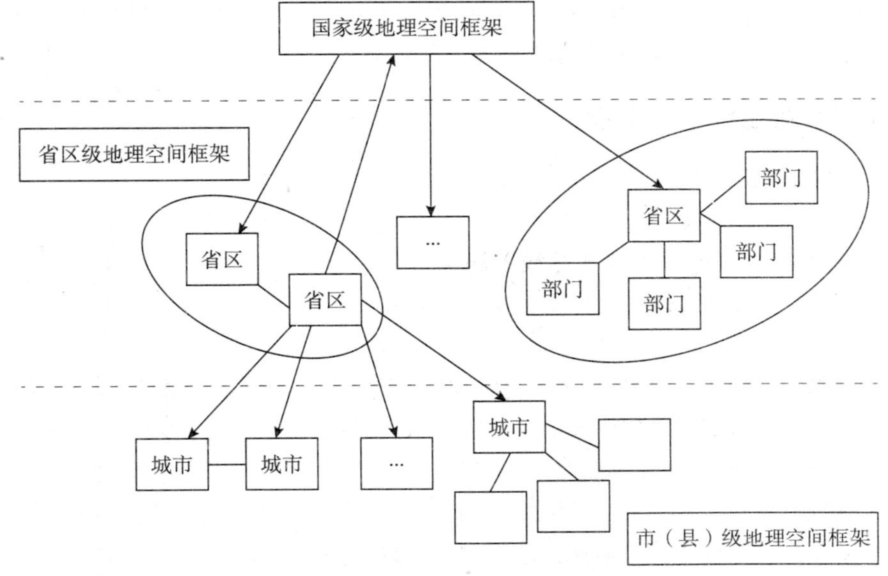

图 2.2　地理空间框架的分级

2.2 基础地理信息数据库

2.2.1 概念

基础地理信息数据库是实现基础地理信息数据输入、编辑、浏览、查询、统计、分析、表达、输出、更新等管理、维护与分发功能的软件和支撑环境的总称[9]。

2.2.2 组成及分级

1. 组成

基础地理信息数据库由基础地理信息数据、管理系统和支撑环境三部分组成，一般包括现势库和历史库，如图 2.3 所示。其中，基础地理信息数据是基础地理信息数据库的核心，按类型分为大地测量数据、数字线划图数据、数字高程模型数据、数字栅格地图数据和数字正射影像数据五个分库；分库又根据比例尺和分辨率的变化细化为子库，子库也可根据要素分成若干层；元数据应按国家相应标准分等级建设。管理系统和支撑环境是数据存储、管理和运行维护的软硬件及网络条件。

2. 分级

基础地理信息数据库建设分为国家、省区和市（县）三级。国家级基础地理信息数据库的基本数据尺度包括 1:100 万、1:25 万和 1:5 万，省区级基础地理信息数据库的基本数据尺度包括 1:1 万和 1:5 000，市（县）级基础地理信息数据库的基本数据尺度包括 1:2 000、1:1 000 和 1:500。各级应横向保证相邻地域之间的衔接，纵向建立多尺度数据垂直逻辑关联。

2.2.3 基础地理信息数据

1. 数据内容

1）大地测量数据

大地测量数据包含三角（导线）测量成果、水准测量成果、重力测量成果和 GNSS 测量成果等数据。

2）1:100 万

包含数字线划图、数字高程模型和地名等数据。数字线划图采用国家统一的坐标和高程系统，若需投影，则采用正轴等角割圆锥投影，按 6° 分带，分幅按《国家基本比例尺地形图分幅和编号》（GB/T 13989）执行，主要内容包括政区、居民地、铁路、公路、机场、文化要素、水系、地貌、植被、土地覆盖、其他自然要素、海底地貌、其他海洋要素和地理网格等。数字高程模型的网格间距为 1 000 m。地名数据包含各类地名的位置及名称。

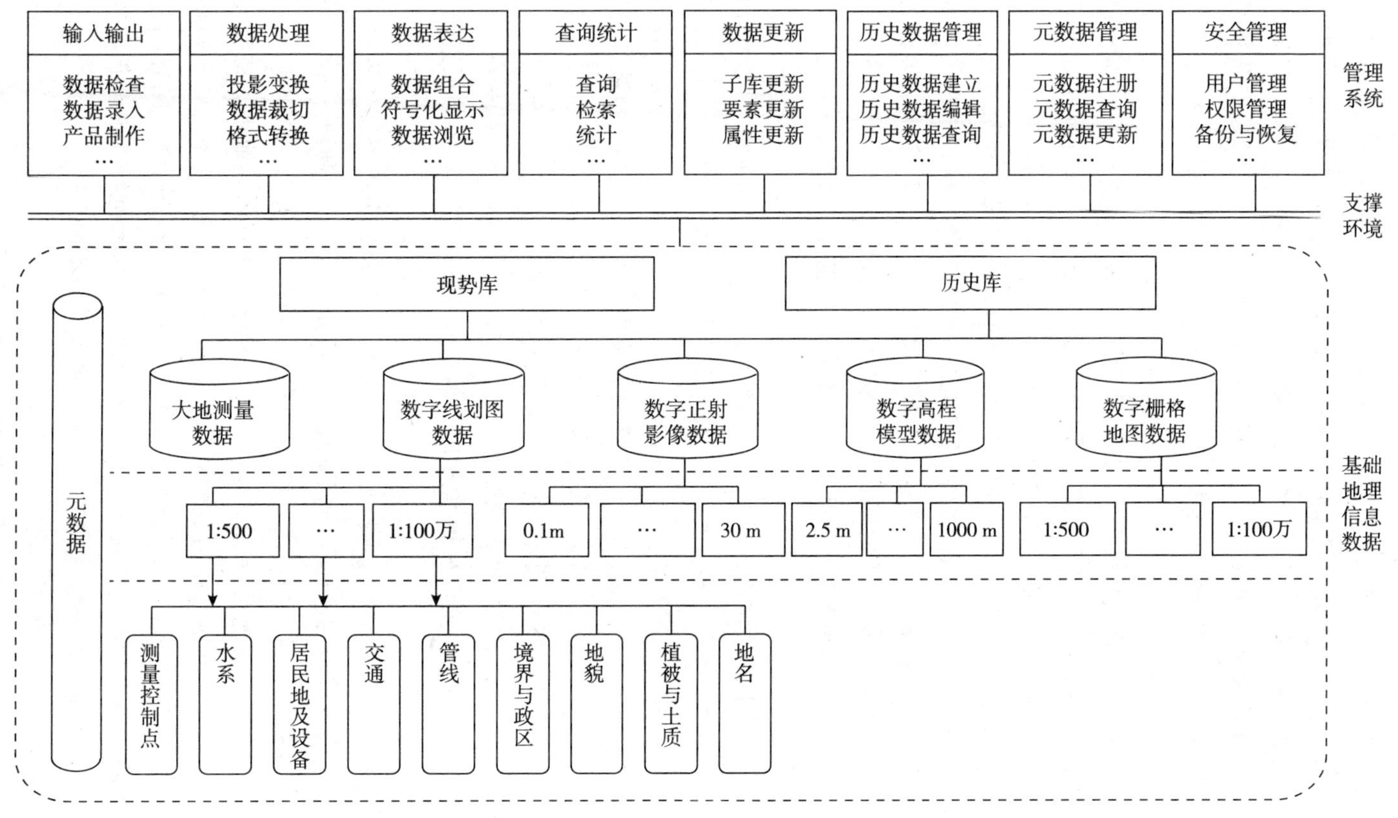

图 2.3 基础地理信息数据库组成

3）1:25 万

包含数字线划图、数字高程模型和地名等数据。数字线划图采用国家统一的坐标和高程系统，若需投影，则采用高斯－克吕格投影，按 6° 分带，分幅按《国家基本比例尺地形图分幅和编号》执行，主要内容包括水系、居民地、铁路、公路、境界、地形、其他要素、辅助要素、坐标网以及数据质量等。数字高程模型的网格间距为 100 m。地名数据包含各类地名的位置及名称。

4）1:5 万

包含数字线划图、数字高程模型、数字栅格地图、数字正射影像和地名等数据。数字线划图采用国家统一的坐标和高程系统，若需投影，则采用高斯－克吕格投影，按 6° 分带，分幅按《国家基本比例尺地形图分幅和编号》执行，主要内容包括测量控制点、水系、居民地、交通、境界与政区、地貌与土质、植被、管线等。数字高程模型的网格间距为 25 m。数字栅格地图是现有 1:5 万模拟地形图的数字形式，按地面分辨率 4 m 输出，按标准 1:5 万图幅分幅存储。数字正射影像是将航空像片或高分辨率卫片的影像数据，进行逐像元几何改正，按标准 1:5 万图幅范围裁切和镶嵌生成，地面分辨率不低于 5 m。地名数据包含各类地名的位置及名称。

5）1:1 万

包含数字线划图、数字高程模型、数字栅格地图、数字正射影像和地名等数据。数字线划图采用国家统一的坐标和高程系统，若需投影，则采用高斯－克吕格投影，按 3° 分带，分幅按《国家基本比例尺地形图分幅和编号》执行，主要内容包括测量控制点、水系、居民地及设施、交通、管线、境界与政区、地貌、植被与土质等。数字高程模型的网格间距为 5 m。数字栅格地图是现有 1:1 万模拟地形图的数字形式，按地面分辨率 0.8 m 输出，按 1:1 万数字线划图分幅存储。数字正射影像是将航空像片或高分辨率卫星影像数据，进行逐像元几何改正，按标准 1:1 万图幅范围裁切和镶嵌生成，地面分辨率为 1 m。地名数据包含各类地名的位置及名称。

6）1:5 000

包含数字线划图、数字高程模型、数字栅格地图和数字正射影像等数据。数字线划图采用国家统一的坐标和高程系统，若需投影，则采用高斯－克吕格投影，按 3° 分带，分幅按《国家基本比例尺地形图分幅和编号》执行，主要内容包括测量控制点、水系、居民地及设施、交通、管线、境界与政区、地貌、植被与土质等。数字高程模型的网格间距为 2.5 m。数字栅格地图是现有 1:5 000 模拟地形图的数字形式，按地面分辨率 0.5 m 输出，按 1:5 000 数字线划图分幅存储。数字正射影像是将航空像片或高分辨率卫星影像数据经逐像元进行几何改正，按标准 1:5 000 图幅范围裁切和镶嵌生成的，地面分辨率为 0.5 m。

7）1:500、1:1 000 和 1:2 000

包含数字线划图、数字高程模型和数字正射影像。数字线划图采用国家统一的坐标和高程系统，确有必要时，可采用依法批准的独立坐标系统和高程系统，若需投影，则采用高斯－克吕格投影，按 3° 分带，确有必要时，可采用任意经度作为中央经线，分幅按《国家基本比例尺地形图分幅和编号》执行，主要内容包括测量控制点、水系、居民地及设施、交通、管线、境界与政区、地貌、植被与土质、地籍和地名等。数字高程模型的网格间距为 2.5 m。数字正射影像是将航空像片的影像数据，进行逐像元几何改正，按《国家基本比例尺地形图分幅和编号》规定的标准图幅范围裁切和镶嵌生成，地面分辨率为 0.2 m。

8）元数据

元数据按照《地理信息　元数据》（GB/T 19710）执行。

2. 数据检查

主要对大地测量数据、数字线划图、数字高程模型、数字栅格地图和数字正射影像及其元数据进行检查，检查内容包括数学基础、数据完整性、逻辑一致性、位置精度、属性精度等。其中：

（1）数学基础检查主要是检查数据的大地基准、高程基准、投影、分幅和分带情况是否符合要求。

（2）数据完整性检查主要是检查数据覆盖范围、图幅总数量是否完整；要素、数据层与内部文件是否完整。

（3）逻辑一致性检查主要是检查数字线划图数据的拓扑关系、概念、格式是否一致；数字高程模型和数字正射影像的图像灰度值及色调、数据格式是否一致；数字栅格地图的数据格式是否一致。

（4）位置精度检查主要是检查数据的平面位置精度和高程精度是否符合要求；数字正射影像和数字栅格地图的分辨率、数字高程模型网格大小是否符合要求。

（5）属性精度检查主要是检查属性项的名称、类型、长度、顺序以及属性值、分类等内容是否正确。

3. 数据组织

主要对各类数据进行入库的数据组织。其中：

（1）大地测量数据按类别分层分等级组织。

（2）数字线划图数据采用分幅、分区块或按要素分层来组织。分幅、分区块组织时应通过接边处理，确保数据逻辑无缝；按要素分层组织时，同一类数据放在同一层，每层通过拼接处理，确保物理无缝，用于制图的辅助点、线、面数据可单独放在同一层或存储在要素字段中。不同尺度的同类要素数据应建立垂直关联，同一尺度的要素数据间应建立正确拓扑关系。

（3）数字高程模型数据按分幅、分区块组织管理。建立多级金字塔索引结构以提高存取速度，以对象关系数据库的方式存放金字塔各级数据。

（4）数字正射影像数据按分幅、分区块组织管理。通过接边处理，确保数据逻辑无缝；建立多级金字塔索引结构以提高存取速度，以对象关系数据库的方式存放金字塔各级影像数据。

（5）数字栅格地图数据以图幅为单元组织管理，并建立区域索引。

（6）地名数据采用分幅、分区块或按类别分层来组织。

（7）历史数据的组织与其同源现势数据组织方式相同，或依照增量更新方式进行组织。

（8）元数据的组织与所描述的数据对象（图幅、图层或区块）的数据组织方式相同。

2.2.4 管理系统

管理系统是对数据进行存储、管理和运行维护的软件系统，其功能应包括输入输出、数据处理、数据表达、查询统计、数据更新、历史数据管理、元数据管理和安全管理等。其中：

（1）输入功能应包括对入库数据的检查、录入、添加和确认；输出功能应包括按照产品标准或用户需求进行产品制作、内容提取、导出和分发。

（2）数据处理应具有坐标及投影变换、高程换算、数据裁切、数据格式转换以及影像数据的对比度、灰度（色彩）、饱和度一致性调整等功能。

（3）数据表达应具有将数据组合、叠加、符号化显示和放大、缩小、漫游、前视图、后视图等浏览功能。

（4）查询统计应具有以不同的查询条件对各种数据进行单独的、组合的、相互的查询与检索，并能依据查询结果提取数据和对数据进行统计的功能。

（5）数据更新应具有实现数据库中各子库、要素、属性和其他信息的更新与维护，可采用直接编辑或批量导入等方法实现数据的更新。

（6）历史数据管理应具有采取修改对象加注时间标识和版本管理方式，或者两者的有机结合方式，实现历史数据库的建立、删除、修改，以及历史数据查询、统计和分析等功能。

（7）元数据管理应具有元数据注册、编辑、修改和元数据查询、统计、分析、输出等功能；元数据与其对应的基础地理信息数据应建立关联，应能实现与其对应的基础地理数据进行同步更新。更新后的元数据应备份，并建立历史元数据库。

（8）安全管理应具有用户管理、权限管理、日志管理、事务管理、数据库备份与恢复功能。数据库备份包括数据的备份和系统软件的备份。备份可采用全备份或增量备份方式，定期检查数据库备份的可用性。

2.2.5　支撑环境

支撑环境是数据库运行所需的硬件、网络和基础软件，主要包括服务器设备、存储备份设备、外围设备、软件环境和网络环境。其中：

（1）服务器设备应能够支持海量信息存储，预留扩展空间，运行稳健、安全可靠。

（2）存储备份设备应具有空间数据的安全高效存储备份能力，并预留扩展空间；有条件可建立异地存储备份机制。

（3）应根据需要，配置扫描仪、绘图机、打印机、刻盘机、磁带机等外围设备，满足数据输入和成果输出的需要。

（4）应根据需要，配置操作系统、数据库软件、专业地理信息系统软件和其他常用的输入、输出、办公自动化等工具软件。

（5）应采用防泄密的内部局域网或专网，并建立完备的安全管理措施，具备漏洞扫描、入侵检测、数据包过滤、病毒防护、病毒查杀、身份认证、数据加密和主机监控等能力。

2.3　地理信息公共平台

2.3.1　概念

地理信息公共平台是实现地理空间框架应用服务功能的数据、软件及其支撑环境的总称。该平台依托地理信息数据，通过在线、服务器托管或其他方式满足政府及各部门、企事业单位和社会公众对地理信息和空间定位、分析的基本需求，同时具备个性化应用的二次开发接口，可扩展应用空间[10]。

2.3.2　组成、分级与数据分类

1. 组成

地理信息公共平台由数据集、管理交换系统、在线服务系统和支撑环境组成，如图 2.4 所示。数据集是地理信息公共平台的核心内容，主要包括地理实体、影像、地图、地名地址、三维景观等面向服务的产品数据和其他部门或单位可共享的专题数据，以及目录与元数据。管理交换系统是实现面向服务的产品数据、专题数据和目录与元数据的管理以及相互之间交换的工具。在线服务系统是地理信息公共平台对外提供“一站式”地理信息服务的出口，一般指门户网站，包含在线地图、标准服务接口、应用开发接口和其他功能。支撑环境是地理信息公共平台提供服务的保障条件。

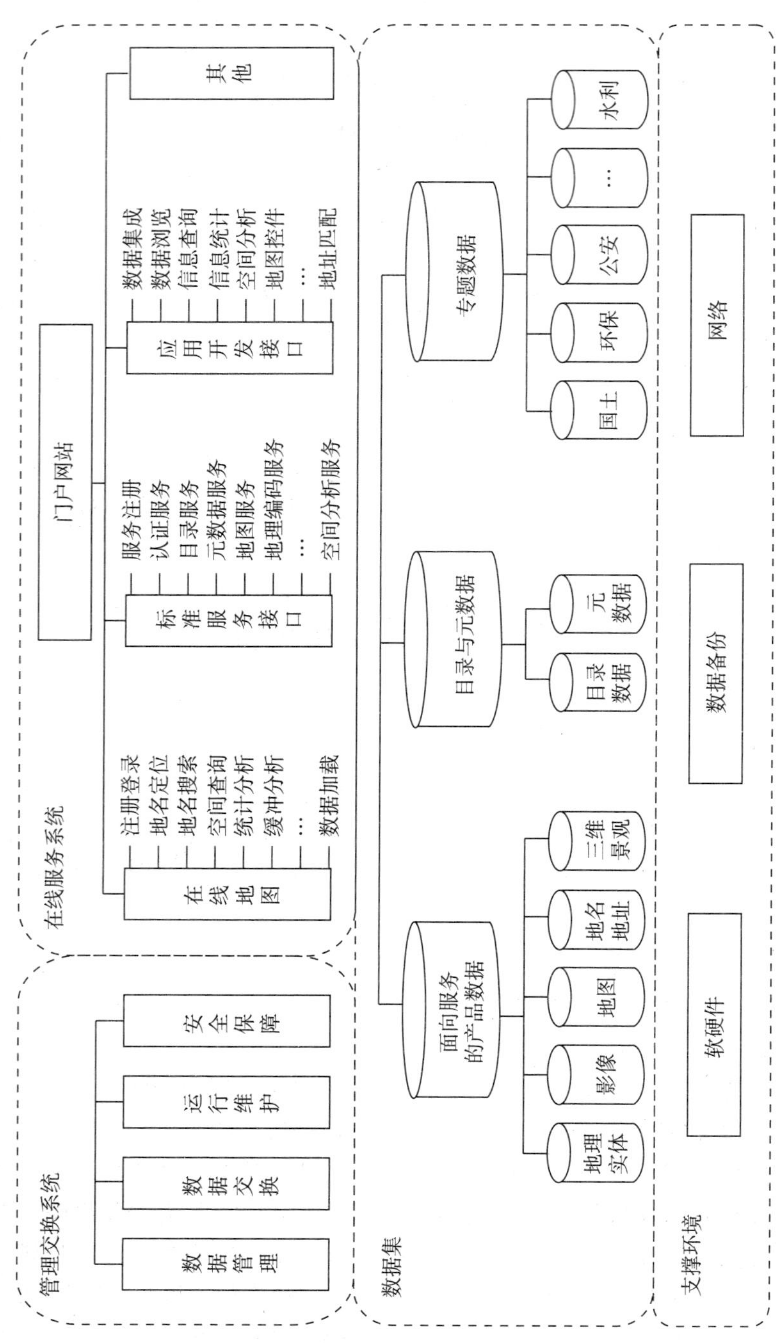

图 2.4 地理信息公共平台组成

2. 分级

地理信息公共平台以行政等级为标准分为国家、省区和市（县）三级，各级节点技术结构基本相同，通过网络相对独立地提供服务，横向实现相邻或其他地域的衔接，纵向建立垂直关联。其中，国家级地理信息公共平台（主节点）的基本数据尺度为1:1 00万、1:25万和1:5万，分辨率包括30 m、15 m、5 m和2.5 m；省区级地理信息公共平台（省节点）的基本数据尺度为1:1万或1:5 000，分辨率包括1 m或0.5 m；市（县）级地理信息公共平台（市节点）的基本数据尺度为1:2 000、1:1 000和1:500，分辨率包括0.5 m、0.2 m和0.1 m。

国家地理信息公共平台由国家级地理信息公共平台（主节点）、各省区市地理信息公共平台（省级节点）协同构成。每个省份的地理信息公共平台由省级地理信息公共平台（省级节点）、本辖区各市（县）级地理信息公共平台（市级节点）协同构成。

3. 分类

根据不同安全级别运行环境的要求，将地理信息公共平台数据集分为三类：基础版数据、政务版数据和公众版数据。

2.3.3　基础版数据

基础版数据包括地理实体数据、影像数据、地图数据、地名地址数据和三维景观数据等面向服务的产品数据。该版数据主要面向对绝对位置精度有严格要求的政府及各部门。当需要提供地理信息在线服务时，应严格遵照国家有关保密规定。

2.3.4　政务版数据

政务版数据是从基础版数据中提取可公开信息，并依法通过省级以上（含省级）测绘地理信息主管部门保密技术处理的面向服务的产品数据、专题数据以及目录与元数据。该版数据主要面向对绝对位置精度有一般性要求的政府及各部门。

2.3.5　公众版数据

以1:25万公众版地图数据为数学基础，通过地图编制，叠加可公开的信息内容，并依法通过省级以上（含省级）测绘地理信息主管部门审图的地理信息数据。主要由面向服务的产品数据、专题数据以及目录与元数据等构成。该版数据主要面向企事业单位和社会公众。

2.3.6 管理交换系统

1. 体系结构

基础版、政务版和公众版数据的数据内容、运行网络和应用对象各有所侧重，但管理交换系统的结构基本一致，如图 2.5 所示。

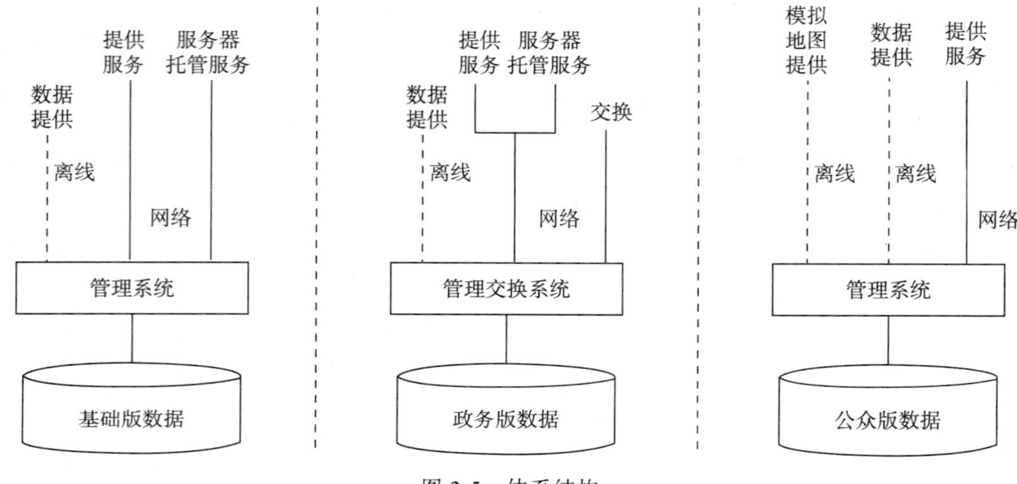

图 2.5 体系结构

2. 数据组织

基础版、政务版和公众版数据均包括地理实体数据、影像数据、地图数据、地名地址数据和三维景观数据，其中政务版和公众版数据还包括专题数据和目录与元数据。数据的组织结构如图 2.6 所示。

（1）面向服务的产品数据组织结构中，地理实体数据根据要素类型分成子库，每个子库又根据比例尺细化为层，每层包括若干实体。影像数据根据瓦片等级分成子库，每个子库由尺寸大小一致、格式与分辨率相同的若干瓦片组成。地图数据根据瓦片等级分成子库，每个子库由与尺寸大小一致、格式与分辨率相同的若干瓦片组成。地名地址数据按行政区域分成子库。三维景观数据分成影像数据、数字高程模型数据和三维模型子库；影像子库和数字高程模型子库分别按瓦片等级形成分库；三维模型子库按要素形成分库，每个分库包括若干实体，每个实体又含多等级表现模型。

（2）专题数据组织结构中，专题数据按照类型不同分成若干子库；每个子库的信息内容存在两种情况：一是和面向服务的产品数据一同集中存放；二是物理上异地存放，通过系统实现同步。

（3）目录与元数据组织结构中，目录与元数据分别按照类型不同分成不同的子目录和子库；每个子目录和子库的信息内容存在两种情况：一是和基础类目

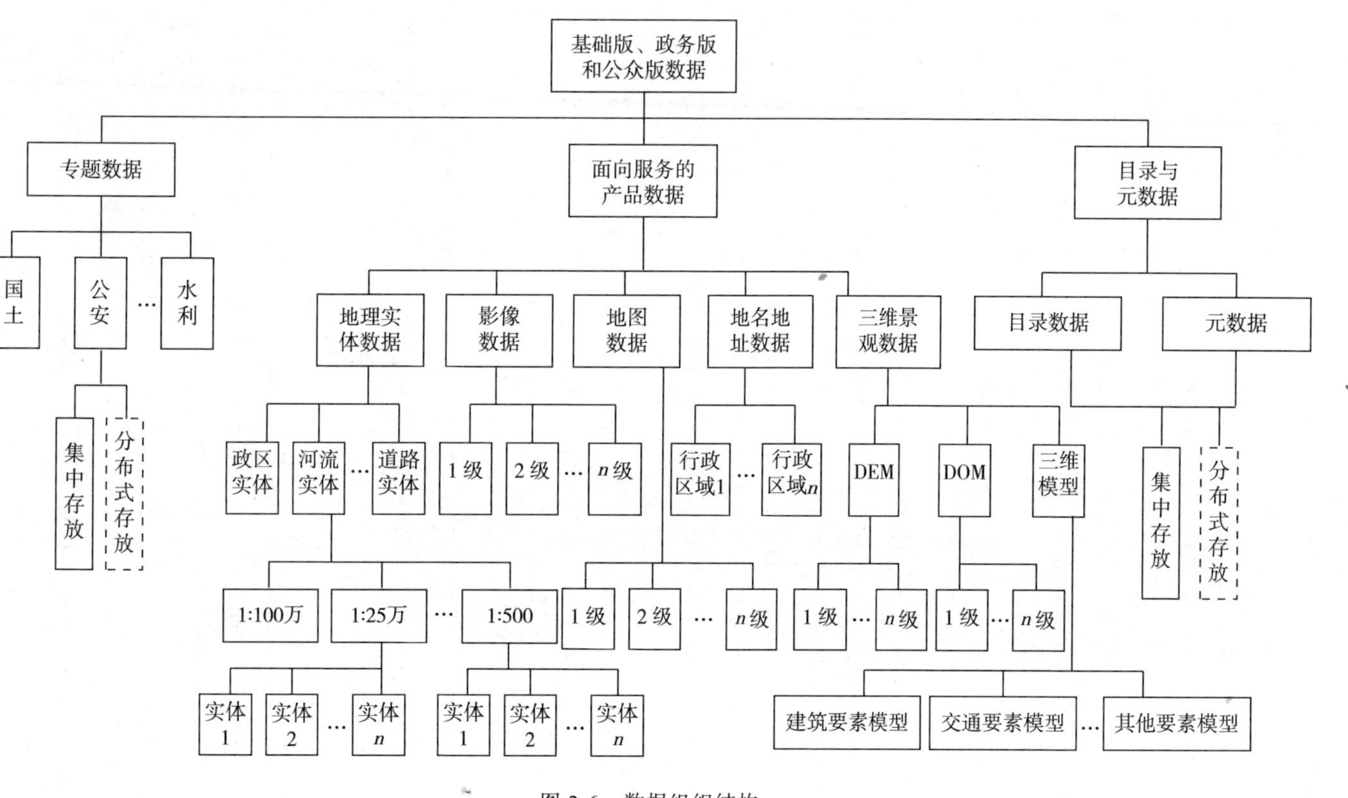

图 2.6　数据组织结构

基础版、政务版和公众版数据
专题数据
面向服务的产品数据
目录与元数据
国土
公安
…
水利
集中存放
分布式存放
地理实体数据
影像数据
地图数据
地名地址数据
三维景观数据
目录数据
元数据
政区实体
河流实体
…
道路实体
1 级
2 级
…
n级
行政区域1
…
行政区域n
DEM
DOM
三维模型
集中存放
分布式存放
1:100万
1:25万
…
1:500
1 级
2 级
…
n级
1 级
…
n级
1 级
…
n级
实体1
实体2
…
实体n
实体1
实体2
…
实体n
建筑要素模型
交通要素模型
…
其他要素模型

录与元数据一同集中存放；二是物理上异地存放，通过系统实现同步。

3. 系统功能

管理交换系统实现对数据的集中和分布式管理，以及专题数据、目录与元数据的交换，应具备数据管理、数据交换、运行维护和安全保障等功能。

（1）数据管理功能主要包括：①面向服务的产品数据的制作、重构、索引建立、裁切、编辑、符号配置、导入导出、输出等功能；②面向服务的产品数据的查询、检索、统计、空间分析等功能；③面向服务的产品数据的整体更新、局部更新（模型、要素或瓦片）、版本管理、历史信息记录等功能；④交换来的专题数据及标注数据的导入、导出、管理、查询、统计、空间分析、专题图等功能；⑤元数据的创建、修改、维护、查询、检索、制表和版本控制等功能；⑥目录的建立、修改与维护等功能。

数据交换功能主要包括：①数据连接、发送、接收、验证、转换、检查和同步等功能；②服务的注册、登记、修改、删除和发布等功能；③服务的查询、检索和聚合等功能；④网址链接。

（2）运行维护功能主要包括：①用户注册、角色管理、权限设置、系统监控、服务配置、事件管理等功能；②流量统计、实时监控和自动报警等功能；③日志管理、过程查询、问题追踪等功能；④分节点的管理、运行状况实时监控、日志管理等功能。

（3）安全保障功能主要包括：①数据备份、异地存放功能与措施；②数字认证、身份识别、行为识别等功能；③安全管理制度。

2.3.7 在线服务系统

在线服务系统一般指门户网站，包含在线地图、标准服务接口、应用开发接口和运维管理等，满足用户在线获取与应用地理信息，快速分布式构建其专题系统的需求。

1. 在线地图

在线地图实现了地图操作、专题数据加载、空间查询、属性查询、空间统计、空间分析、三维显示和地图标注等应用功能，实现了平台数据资源的直观展示以及应用功能的直接提供，支持基于地名地址的匹配，用户可以直接通过该软件实现部门专题数据的空间分布化，进一步通过标准的应用分析功能满足应用需求。

1）注册登录

注册用户登录后，经系统认证、识别和校验，提供相应的数据、服务和功能。

2）地名定位

按省、市、县（区）、乡镇建立起来的地名索引树，查找地名并在地图上通过地址匹配进行准确空间定位。根据输入地名的关键字，在地名地址数据库中分类检索，通过地址匹配进行准确的空间定位。

3）地图搜索

针对给定的条件，用包含（like）、等于（=）、大于（>）、小于（<）、不等于（<>）等标准的结构化查询语言进行形式化的描述表达，可通过设置查询图层的相应字段，在该范围搜索符合条件的结果。

4）空间查询

针对给定的矩形范围、圆形范围、多边形范围，或者点位及某点位的周边范围，可设置查询的图层和图层相对应的字段，在该范围搜索符合条件的结果。

5）统计分析

针对给定的矩形范围、圆形范围、多边形范围，或者某一行政区域范围，可设置统计的图层和图层相对应的字段，在该范围搜索符合条件的结果，并进行统计。统计结果可以用柱状图、饼状图和直方图等形式表现。

6）缓冲分析

选择地图对象作为基础，设定缓冲半径数值，计算缓冲范围并突出显示。绘制点、线或者面地图对象并作为基础，设定缓冲半径数值，计算缓冲范围并突出显示。

7）路径分析

通过鼠标点击、窗口输入等交互方式设定起始点和终止点，或者通过条件自动选择起始点与终止点，根据路网拓扑关系和“最短”的定义，可自动搜索、查询并计算出最短路径，并在地图上突出显示。

8）地理编码

通过对文字描述数据中蕴含的地名地址信息进行规范化、标准化处理，根据地名地址与空间坐标之间已经建立起来的对应关系，进行自动匹配，获得空间位置信息，可实现大量统计和表格信息的空间化，建立空间和非空间信息之间的联系。

9）信息标注

在线地图系统应提供点、线和面的标注功能，并可便捷设置符号样式、添加属性信息和说明信息，还可链接图片、声音、录像等多媒体资料。标注的信息内容宜分类分组，可进行增加、删除及修改操作，亦可设置其共享范围。

10）数据加载

可对本机的文件数据或者瓦片数据，直接叠加到在线地图上；可选择当前网络上正在运行的有效服务资源，通过引用和服务聚合，叠加到在线地图上。

2. 标准服务接口

根据数字城市地理信息服务的特点以及用户需求，从地理信息基本功能出发，将地理信息公共平台的标准服务划分为数据目录服务、数据发布服务、数据操作服务、专题制图服务、数据分析服务和地理编码服务六类，并提供服务的注册与认证功能。

1）数据目录服务

数据目录服务是管理地理信息数据、地理信息服务以及与公共平台相关的其他资源的相关服务。数据目录服务描述了地理信息数据元数据的信息，各类地理信息服务的审核、注册、更新与注销操作。用户可通过访问在线服务查找满足需求的数据服务或功能服务。服务的具体实现是以开放式地理信息系统协会（Open GIS Consortium,OGC）发布的网络目录服务 (catolog service for web,CSW) 接口规范为基础，提取满足数字城市数据及服务管理基本需求的方法和参数定义。此类服务提供者应为具有管理者角色的用户。

2）数据发布服务

数据发布服务是由权威部门提供的、与数字城市建设相关的数据服务。数据发布服务描述了与数字城市相关的各种数据服务的接口规范定义，包括传统的“4D”数据（DEM、DOM、DLG 和 DRG）、虚拟三维数据、卫星遥感影像数据等各类地理信息数据。同时，还应针对不同用户角色及具体需求提供的不同类型的数据服务，例如当服务使用者为仅具有使用者角色的公共用户时，就应提供符合 WMS 接口规范的数据服务。服务的具体实现是以 ISO 和 OGC 发布的 WCS, WFS, WMS，WMTS 接口规范为基础[24-29]，提取满足数据服务发布基本需求的方法和参数定义。其中，WMS 是根据地理数据动态地生成空间参考数据数字影像地图。WFS 是基于地理要素级别数据共享与数据操作的服务。WCS 是以 Coverage 形式获取表征空间变化现象的地理空间数据的服务，提供丰富的地理空间信息集以及其详细的访问操作。WMTS 是为了增加服务可伸缩性及适应性的地图表现，以及在不进行大量的影像操作和地理处理的前提下，快速从服务器获取地图瓦片数据的服务。此类服务提供者应为具有管理者和基础建设者角色的用户。

3）数据操作服务

数据操作服务是数字城市中各类地理空间操作相关的信息服务。数据操作服务描述公共平台提供的地理信息数据操作服务，包括信息查询、空间量算、数据复制、空间查找等服务。服务的具体实现是以 OGC 发布的 WPS 和 OWS 接口规范为基础，提取的满足数字城市数据操作服务基本需求的方法和参数定义。其中，WPS 提供计算模型处理地理数据，其中地理数据包括矢量数据和栅格数据。服务提供的计算过程可以允许是简单操作或者是复杂的地理处理过程。OWS 描述大多数服务通用标准接口实现规范，包括操作请求和响应内容。此类服务提供者为具有规划者与内容建设者角色的用户。

4）专题制图服务

专题制图服务是为用户提供各种地图定制及专题数据制图的信息服务。专题制图服务描述了符合各种用户需求的专题制图服务，包含大众地图标注服务，行业专题制图服务等用于制作个性化地图或自然、社会、经济、人文等专题地图的功能服务。服务的具体实现是以 OGC 发布的 WPS 和 OWS 接口规范为基础，提取满足数字城市制作专题地图基本需求的方法和参数定义。此类服务提供者为具有内容建设者和规划者角色的用户。

5）数据分析服务

数据分析服务是提供数字城市建设所需的各种空间分析操作的功能服务。数据分析服务描述了各类空间分析及空间统计的功能服务，包含常用空间分析服务，如路径规划、缓冲区分析、叠加分析等，也包括统计制图服务、空间查询统计、空间数据对比、统计分析与图表、地形分析等面向特定应用领域的高级功能。服务的具体实现是以 OGC 发布的 WPS 接口规范为基础，提取满足数字城市数据分析服务基本需求的方法和参数定义。此类服务提供者为需要构造复杂应用和集成其他服务的应用系统的用户，此类用户常为城市建设者。

6）地理编码服务

地理编码服务是提供数字城市建设中与地理编码数据相关的各类数据和功能服务。地理编码服务描述了提供和应用地理编码数据的服务，包括提供地理编码数据以及地址查询、地理编码转换和位置查找等功能。地理编码数据可把地名、通信地址、邮政编码、电话号码、网络地址等属性信息定位到相应的地理位置。服务的具体实现以 OGC 发布的 WPS 接口规范为基础，提取满足地理编码数据及操作服务基本需求的方法和参数定义。此类服务比较特殊，包括数据服务和功能服务的提供者。其中数据服务提供者为具有管理者角色的用户，功能服务提供者为具有规划者和内容建设者角色的用户。

7）服务注册

可支持服务的注册、查询、聚合和链接，如服务元数据采集、服务元数据有效性检查、服务注册、服务元数据查询、服务元数据自动更新、服务状态监测、同类型服务聚合以及在线服务运行情况的统计分析等。

8）认证服务

可提供认证服务接口，对用户使用各项服务的资格进行验证，确认用户可否取得授权调用相关服务。

3. 应用开发接口

应用开发主要通过二次开发接口的方式，为基于地理信息公共平台开发应用系统的用户提供丰富的功能开发接口。

1）数据集成

可无缝集成公共平台本身发布的网络地图数据资源，支持符合国际通用地图服务标准和其他流行网络地图数据资源的加载。

2）数据浏览

可实现地图放大、缩小、漫游、历史视图、按指定位置的空间定位，以及数据图层及叠加图层的图层控制。

3）信息查询

可实现点击、矩形、圆形和多边形等多种方式指定空间范围的信息查询，亦支持按关键字的信息查询。

4）信息统计

可实现矩形、圆形和多边形等多种方式指定空间范围的信息统计，亦支持按行政区划的信息统计。

5）空间分析

可实现缓冲区分析、叠加分析、拓扑关系判断和网络分析等。

6）地图操作

可实现方便、灵活的工具扩展，开发常用的地图操作，如地图编辑、属性修改、信息标注、互操作、地图打印等。

7）地图控件

可实现常用地图控件的开发，如缩略图、图层控制、比例尺标识等。

8）控件扩展

可实现现有对象集成，便捷控件扩充。

9）数据格式

可实现多种格式的兼容，如KML（Keyhole Markup Language）、GeoJSON（Geographic JavaScript Object Notation）、GeoRSS（Geographic Really Simple Synidication）等。

10）投影转换

可实现常用投影之间的坐标转换。

11）地址匹配

可以实现地名、地址的高效匹配。

4. 运维管理

运维管理主要通过监管认证等方式，保障在线服务系统的长效稳定运行。

1）安全认证

可提供服务、接口、操作三级认证体系，保障用户访问平台资源时灵活可控。

2）机构与权限管理

可实现部门管理、用户管理、角色定义、角色授权、权限设置和服务配置等功能。

3）日志管理

可实现日志查询、日志统计、服务查询、服务统计、事件查询、过程分析、问题追踪等功能。

4）监控管理

可实现流量监控、访问速度监控、系统运行统计、在线用户监控、资源监控和异常自动报警等功能。

5. 其他

在线服务系统应根据用户需求适时扩展功能，包括提供零代码开发的专题应用组装系统、适配插件等其他形式，方便专题应用系统的开发。

2.3.8　支撑环境

基础版数据、政务版数据和公众版数据服务对象与受众面不同，应进行分区管理和应用，分别建立各自的支撑环境，以保证服务效率和质量。与三类数据相适应，一般划分为基础区、政务区和公众区。

1. 基础区

1）软件

至少应配备稳定成熟的地理信息系统基础软件、大型数据库软件、网络操作系统和常用的工具软件。其性能指标和数量可以根据实际需要和现有软件情况确定。

2）硬件

至少应配备数据服务器、网络服务器、输出设备、不间断电源和机柜等。其性能指标和数量可以根据实际需要和现有硬件条件确定。

3）网络

骨干网络、局域网，局域网与骨干网络之间的接口均不低于百兆带宽。

4）数据备份

基础区数据备份中，数据应采取定期备份的机制。一般情况下，备份模块包括备份服务器、备份介质管理模块、备份客户端和虚拟磁带库等，采用无人职守的自动备份功能，实现全备份、增量备份和差量备份；软件系统应具备数据恢复的功能。

2. 政务区

1）软件

至少应配备稳定成熟的地理信息公共平台软件、大型数据库软件、高可信度的网络操作系统和常用的工具软件。其性能指标和数量可以根据实际需要和现有软件情况确定。

2）硬件

至少应配备集群服务器、磁盘阵列、光纤交换机、不间断电源和机柜等。其性能指标和数量可以根据实际需要和现有硬件条件确定。

3）网络

骨干网络宜为千兆光纤网，局域网与骨干网之间的接口不低于十兆，同时增配防火墙、单向网闸、入侵防御系统。必要时，可以依托分布式业务网络(distributed service network, DSN)建立分布式部署的分中心，以快速响应不同区域用户的请求。

4）数据备份

数据应采取定期备份的机制，软件系统应具备数据恢复的功能。

3. 公众区

公众区的环境建设可以参考政务区，根据用户访问量和数据内容的变化，逐步完善软件、硬件和网络等环境的建设。

2.4 相互关系

地理空间框架与基础地理信息数据库、地理信息公共平台之间的关联关系如图 2.7 所示。地理空间框架包括基础地理信息数据库和地理信息公共平台，以及测绘基准、地图与数据提供。基础地理信息数据库由基础地理信息数据体系中基础地理信息数据、管理系统和支撑环境组成；地理信息公共平台由基础地理信息数据体系中面向服务的产品数据、目录与交换体系全部内容和公共服务体系中在线服务系统和支撑环境共同组成。

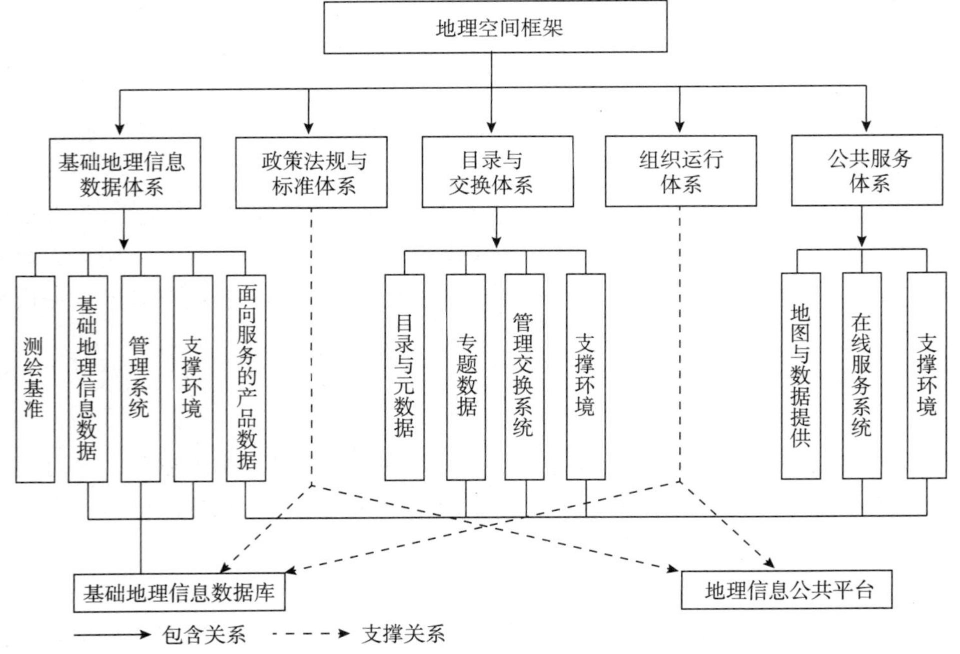

图 2.7 地理空间框架与基础地理信息数据库、地理信息公共平台之间的关联关系

2.5　小结

在网络架构上，基础地理信息数据库管理的多是测绘原始数据，运行在测绘地理信息部门内部局域网，而地理信息公共平台多是面向服务的数据，基础版运行在涉密网，政务版运行在政务网，公众版运行在公网。在使用对象上，基础地理信息数据库由测绘专业人员根据不同用户要求操作处理，提取相应成果，而地理信息公共平台由用户直接在线操作，开展基于地理信息的叠加、查询、统计、分析等工作。在服务模式上，基础地理信息数据库是数据硬拷贝，而地理信息公共平台则在线提供服务。从基础地理信息数据库发展至地理信息公共平台，是测绘地理信息在应用方面的一次质的飞跃。

第3章　平台数据生产技术体系

经过数字化阶段以后，各地市遵从国家相关规范[11-15]建立了多种类型、多种尺度、多种时相的基础地理信息数据库，从数据采集、加工处理、质量检查直到数据建库在技术上都相对比较成熟。如前所述，地理信息公共平台是测绘地理信息在应用方面从数据拷贝到在线服务的重大变革，也是本书作者及其带领的科研团队在国际上首次提出的原理性概念。本章系统介绍了平台数据生产的技术体系，包括平台数据的类型与内容，根据基础地理信息数据库数据制作平台数据的工艺流程和关键环节，以及这些数据如何在网络上以地理信息服务的形式发布共享。

3.1　技术体系架构

平台数据的生产，是将基础地理信息数据库中的基础地理信息数据加以整理加工，形成地理信息公共平台数据集的过程。因此，在这个过程中，首先会涉及两大类数据，即基础地理信息数据和平台数据集。

地理信息数据是反映和描述自然地理要素、经济社会要素或者地表、地下人工设施的形状、大小等与空间位置与地理分布有关信息的数据。基础地理信息作为统一的空间定位框架和空间分析基础的地理信息数据，反映和描述了地球表面测量控制点、水系、居民地及设施、交通、管线、境界与政区、地貌、植被与土质、地籍、地名等有关自然和社会要素的位置、形态和属性等信息。通常情况下，基础地理信息数据在进行数据建库组织时，按照数据的类型分层、分尺度进行。

平台数据包括面向服务的产品数据、专题数据以及目录与元数据，主要通过地理信息公共平台，以服务的形式向用户提供数据资源。其中，面向服务的产品数据是在基础地理信息数据基础上，经过提取、扩充和重组等处理，形成面向应用的数据，如地理实体数据、影像数据、地图数据、地名地址数据和三维景观数据等。通常情况下，平台数据集要进行数据瓦片制作，在进行建库组织时，按照金字塔瓦片模型的组织模式将瓦片进行存储，并建立索引，方便数据的高速存取。

可见，基础地理信息和平台数据集两者在地图表达、数据组织、数据内容等方面存在着很大的差异。为了满足平台数据基于视觉变量的地图符号化表达、多尺度集成、载负量均衡和瓦片组织等应用需求，针对地理信息公共平台基础版、政务版和公众版三个不同版本的数据，分别制定了从基础地理信息面向公共平台数据的提取、扩充和加工的详细技术路线[16-19]。同时，为了保证该生产技术流程得以实现，还基于服务地理信息核心底层，研制了从数据库数据到平台数据的地理信息公共平台数据制作系统 NewMap DMP[20]，以及从平台数据到平台服务的地理信息服务发布系统 NewMap Server[21]，用户通过使用这两套系统，能够快速实现数字城市地理信息公共平台的数据整合和发布。具体的平台数据生产技术体系架构，如图 3.1 所示（见第 34 页）。

3.2　平台数据集生产

根据不同安全级别运行环境的要求，地理信息公共平台数据集分为三类：基础版数据、政务版数据和公众版数据。

3.2.1　基础版数据

基础版数据包括地理实体数据、影像数据、地图数据、地名地址数据和三维景观数据等面向服务的产品数据。

1. 地理实体数据

1）组成

以基础地理信息数据为基础，把反映和描述现实世界中独立存在自然地理要素或者地表人工设施的形状、大小、空间位置、属性及其构成关系等信息，采用面向对象的方法重组形成数据。一般包括境界与政区实体、道路实体、铁路实体、河流实体和居民地实体。

由于源数据尺度决定了地理实体的空间位置精度和几何形状粒度，因此在不同比例尺下提取重组的同一地理实体表现形式可能有所不同。

2）数据源

形成国家级地理信息公共平台地理实体数据的数据源一般宜采用 1:100 万、1:25 万和 1:5 万的基础地理信息数据；形成省区级地理信息公共平台地理实体数据的数据源一般宜采用 1:1 万或 1:5 000 的基础地理信息数据；形成市（县）级地理信息公共平台地理实体数据的数据源一般宜采用 1:2 000、1:1 000 和 1:500 的基础地理信息数据。

3）提取

地理实体数据提取的内容主要包括境界与政区地理实体、道路实体、铁路实体、河流实体和居民实体，各类实体提取内容通常包括：

（1）境界与政区地理实体：国家行政区、省级行政区（直辖市、省、自治区、特别行政区）、地级行政区（地级市、地区、自治州、盟）、县级行政区（市辖区、县级市、县、自治县、旗、自治旗、特区、林区）和乡级行政区（区公所、镇、乡、苏木、民族乡、民族苏木、街道）。每一行政区又含行政界线及其所围区域。

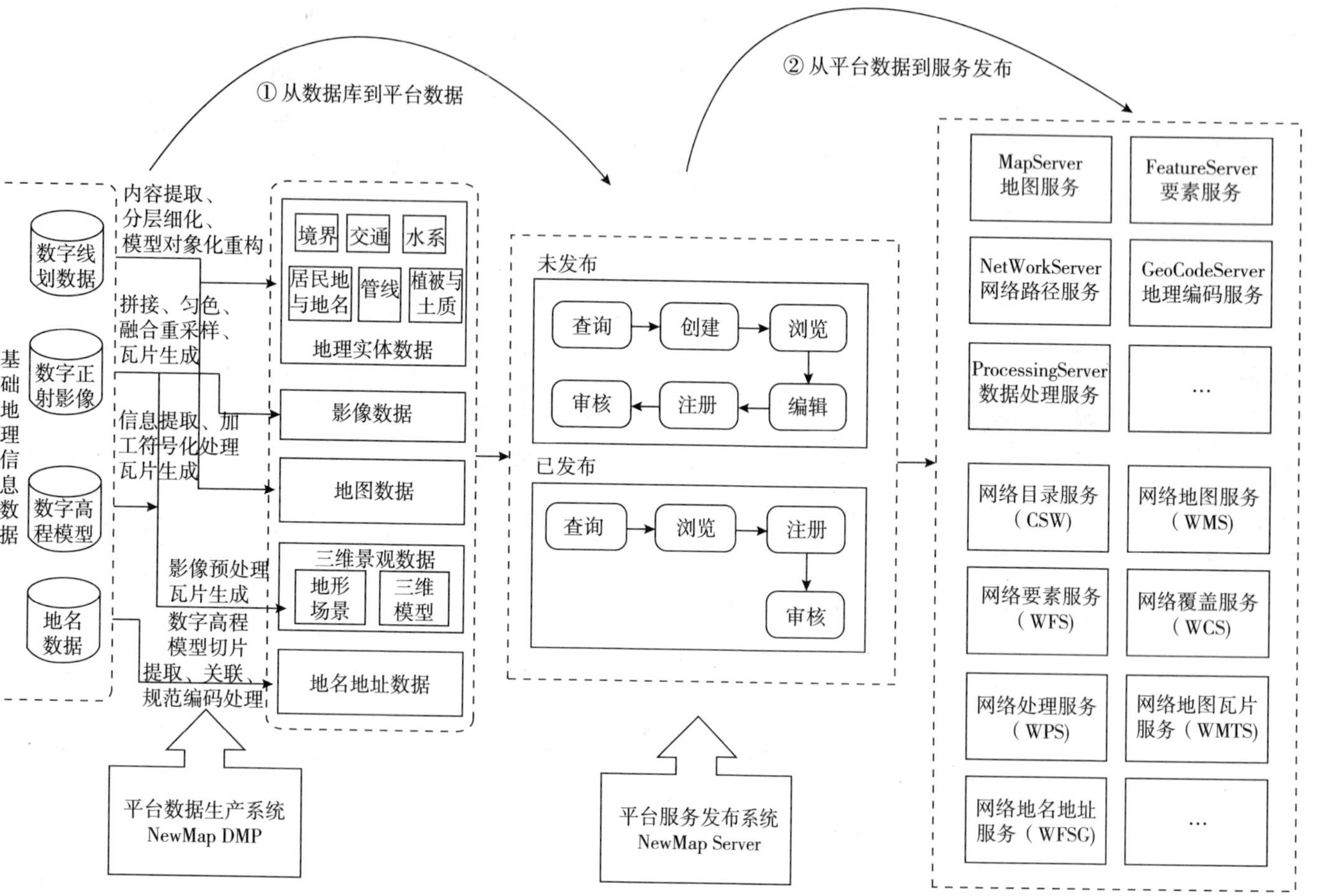

图 3.1 平台数据生产技术体系架构

（2）道路实体：城际公路、城市道路和乡村道路。

（3）铁路实体：标准轨铁路和窄轨铁路。

（4）河流实体：常年河、时令河和干涸河。

（5）居民地实体：街区、单幢房屋、普通房屋、突出房屋和高层房屋。

提取这些实体数据所需的对应比例尺源数据和对应的要素层可以参照附录 A 进行操作，在提取时，可以将要素类型及其代码作为关键字，自动或人机协同选取符合条件的要素内容。

实体数据提取完成后需要检查补漏，主要检查提取的要素及其相互关系，若存在遗漏或不合理之处，通过与源数据比对，进行确认、校正、修改或补充提取。

4）加工

各类实体数据提取并核查后，需要进行进一步的加工处理，处理内容及对应方法可参考附录 B。具体处理内容为：

（1）境界与政区实体。

境界：对提取的构成境界与政区实体的线段，进行属性、代码及拓扑关系等内容的检查与处理，并重组上述线段，构成实体界线。

政区：对提取出的构成境界与政区实体的面域，进行属性、代码和实体界线一致性的检查与修改；对未构面域的境界与政区实体，以界线为基础重新构面。

编码：处理后的境界与政区实体数据可根据《数字城市地理信息公共平台地名 / 地址编码规则》（GB/T 23705—2009）要求进行编码赋值。

（2）道路实体。

中心线生成：对于提取的双线和其他要素围成的道路，根据道路边线、路宽等辅助信息，自动或人机协同生成道路中心线。

连通处理：把同一条道路因附属设施、居民地等因素影响造成的道路间断，通过增加辅助线的方式，实现连通。

拓扑检查与处理：对道路数据进行拓扑检查与修改，自动重建拓扑，并构成连通的道路网数据。

编码：处理后的道路实体数据可按国家统一要求《公路路线标识规则和国道编号》（GB/T 917—2009)、《公路及主要构筑物、管理养护单位代码——省干线公路代码》（JT/T 307.1—1997）和《城市地理要素编码规则 城市道路、道路交叉口、街坊、市政工程管线》（GB/T 14395—2009）进行编码赋值。

（3）铁路实体。

连通处理：把同一条铁路因附属设施、居民地等因素影响造成的铁路间断，通过增加辅助线的方式，实现连通。

拓扑检查与处理：对铁路数据进行拓扑检查与修改，自动重建拓扑，并构成连通的铁路网数据。

编码：处理后的铁路实体数据可根据《中华人民共和国铁路线路名称》（GB/T 25344）要求进行编码赋值。

（4）河流实体。

骨架线生成：对于提取的双线河流，根据河流边线、河宽等辅助信息，自动或人机协同生成河流骨架线。

连通处理：把同一条河流因附属设施、水库或湖泊等因素影响造成的河流间断，通过增加辅助线的方式，实现连通。

拓扑检查与处理：对河流数据进行属性、代码及拓扑关系检查与修改，自动重建拓扑，并构成连通的河流网数据。

编码：处理后的河流实体数据可根据《中国河流代码》（SL 249）要求进行编码赋值。

（5）居民地实体。

居民地面：对提取的构成居民地实体的面域，进行属性、代码和实体界线一致性的检查与修改；对未构面域的居民地实体，以轮廓线为基础重新构面；若因道路边线、河流边线为界造成界线不完整的情况，增加辅助线。

编码：处理后的居民地实体数据可根据《数字城市地理信息公共平台地名/地址编码规则》要求进行编码赋值。

2. 影像数据

1）组成

以航空摄影影像、航天遥感影像等数据源为基础，经匀色、反差调整、重影消除和镶嵌等处理，形成的栅格数据。影像数据分辨率通常包括 30 m、15 m、5 m、2.5 m、1 m、0.5 m 和 0.2 m。影像数据一般按一定尺寸裁切，形成多级瓦片数据。

2）数据源

国家级地理信息公共平台影像数据的数据源一般宜采用 30 m、15 m、5 m 和 2.5 m 分辨率；省区级地理信息公共平台影像数据的数据源一般宜采用 1 m 或 0.5 m 分辨率；市（县）级地理信息公共平台影像数据的数据源一般宜采用 0.5 m 和 0.2 m 分辨率。

3）提取

影像数据的提取内容可根据影像数据地面分辨率的大小，从基础地理信息数据中选择分辨率间隔适宜的各影像数据。

影像数据的提取方法根据范围及分辨率，通过叠置运算，选出所有涉及的图幅、区或块影像数据，并按范围进行裁切。

4）加工

影像数据的加工包括影像处理、地名注记和瓦片生成。

影像处理包括匀色处理和协调处理。匀色处理是对同一分辨率影像应对每幅、区或块影像进行色彩调整，直方图应基本接近正态分布，确保整体上地物细节清晰，反差适中，层次分明，色彩基本平衡。协调处理是对不同分辨率的影像数据，选择色彩较为自然的影像为基础，调整其他分辨率影像的色彩、饱和度与反差，确保不同分辨率影像色调过渡平滑。

地名注记是在影像上进行适当的地名注记。

瓦片生成需要确定瓦片尺寸、格式以及级数计算。计算得出相应参数后，以影像数据为基础，逐级切片。瓦片尺寸及格式具体计算方法为

$$S_i = 2^{ceiling\left[\log_2^{C/\left(2^N \cdot R_{\max}\right)}\right]} \tag{3.1}$$

式中， S_i 为瓦片尺寸， C 为四分之一赤道周长， N 代表最大表示等级， $R_{\max}$ 代表影像的最大分辨率，$ceiling(\ )$为向上取整函数。通常情况下，C = 6 378 137 π/2（m），N 取值为 19 ~ 21，$R_{\max}$ 目前为 0.2（0.2 m × 0.2 m），故瓦片尺寸规定为 256（即 256 × 256），瓦片格式规定为 JPG。

根据影像源数据的分辨率 ($R \times R$) 和瓦片尺寸 ($S_i \times S_i$)，确定影像瓦片的切片最大等级数 $L^i_{\max}$。其计算公式为

$$L^i_{\max} = ceiling\left[\log_2^{C/\left(R \cdot S_i\right)}\right] \tag{3.2}$$

式中， C 代表四分之一的赤道周长， R 代表原始影像分辨率， $L^i_{\max}$ 代表需要切片级别的最大等级数。

3. 地图数据

1）组成

以基础地理信息数据为基础，经多尺度融合、符号化表达、图面整饰等加工处理，形成色彩协调、图面美观的地图。数据尺度通常包括 1:100 万、1:25 万、1:5 万、1:1 万、1:5 000、1:2 000、1:1 000 和 1:500。地图数据一般按一定尺寸裁切，形成多级瓦片数据。

2）数据源

国家级地理信息公共平台地图数据的数据源比例尺一般宜采用 1:100 万、1:25 万和 1:5 万；省区级地理信息公共平台地图数据的数据源比例尺一般宜采用 1:5 万和 1:1 万；市（县）级地理信息公共平台地图数据的数据源比例尺一般宜采用 1:2 000、1:1 000 和 1:500。

3）提取

从 1:500 ~ 1:100 万基础地理信息数据中应提取的相应内容可以参考附录 C。

地图数据的提取可分别对每一尺度基础地理信息数据确定提取的要素及其几何类型，然后以要素类型及其代码为关键字，自动或人机协同选取符合条件的要素内容。

提取后的地图数据需要检查补漏，检查提取要素及其相互关系，若存在遗漏或不合理之处，通过与源数据比对，进行确认、校正、修改或补充提取。

4）加工

地图数据的加工过程主要就是地图瓦片的形成过程，主要包括地图配图和瓦片生成。

地图配图需要确定配图等级、显示内容和符号表达。配图等级可根据最大比例尺和最小比例尺来定，参考表3.1，确定配图应具有的显示级别数量。显示内容需要按照每一级别对应的显示比例尺，合理设置该级别的显示内容，保证各级别显示内容负载量适中、上下级别之间衔接过度平滑。任意级别的显示内容，应选择与其显示比例尺接近的对应比例尺地图。级别之间的显示内容，可以综合应用大于或小于其显示比例尺的相应比例尺地图数据，在负载量适合的前提下，尽

表3.1 地图瓦片显示比例和数据源尺度的对应关系

级别	地面分辨率（米/像素）	实际显示比例	数据源比例尺
1	78 271.52	1:295 829 355.45	1:100 万
2	39 135.76	1:147 914 677.73	
3	19 567.88	1:73 957 338.86	
4	9 783.94	1:36 978 669.43	
5	4 891.97	1:18 489 334.72	
6	2 445.98	1:9 244 667.36	
7	1 222.99	1:4 622 333.68	
8	611.50	1:2 311 166.84	
9	305.75	1:1 155 583.42	
10	152.87	1:577 791.71	
11	76.44	1:288 895.85	1:25 万
12	38.22	1:144 447.93	
13	19.11	1:72 223.96	1:5 万
14	9.55	1:36 111.98	
15	4.78	1:18 055.99	1:1 万
16	2.39	1:9 028.00	
17	1.19	1:4 514.00	1:5 000
18	0.60	1:2 257.00	1:2 000
19	0.2986	1:1 128.50	
20	0.1493	1:564.25	1:500

量选用大比例尺的数据。地图整体符号表达宜选择淡雅色调，颜色使用不宜过多，作为背景地图以便于突出专题要素。

地图数据的瓦片生成需要确定瓦片尺寸、格式以及级数计算。计算得出相应参数后，以配置好的地图数据为基础，按照瓦片规定的尺寸，配图时从最低级别到最高级别逐级进行切片。瓦片尺寸及格式具体计算方法可以参考式（3.1）和式（3.2），两者保持一致。

4. 地名地址数据

1）组成

地名地址数据包括行政区划以及街巷、标志物、门楼等要素的规范化名称、空间位置、属性及地理编码等信息内容，通常分成三个层次：行政区域地名、街巷名或小区名、门（楼）址或标志物名。

2）数据源

县级以上行政区域地名采集提取一般宜采用 1:100 万和 1:25 万比例尺基础地理信息数据，乡级行政区域地名采集提取一般宜采用 1:1 万或 1:5 000 比例尺基础地理信息数据。街巷名采集提取一般宜采用 1:2 000、1:1 000 和 1:500 比例尺基础地理信息数据。门（楼）址和标志物名采集提取一般以 1:500 比例尺基础地理信息数据为基础，进行补充测量调查。

3）提取

地名地址数据中，行政区域地名、街巷名或小区名提取的内容包括境界、政区和属性信息。门（楼）址和标志物名提取的内容包括代表点的位置坐标和属性信息。

地名地址数据在提取时，以 1:5 000 ~ 1:100 万比例尺基础地理信息数据为基础，选择政区层，自动或人机协同选取符合条件的要素内容。以 1:2 000、1:1 000 和 1:500 比例尺基础地理信息数据为参考，从注记提取街巷名或小区名，同时人机协同生成其轮廓线作为境界，并据此构建政区面。以 1:500 比例尺基础地理信息数据为作业底图，实地补充调查门（楼）址和标志物名和属性，确定代表点，并从底图读取代表点位置坐标信息。

地名地址数据的加工需要进行关联关系建立、规范处理和编码处理。其中关联关系主要是建立行政区域地名、街巷名或小区名、以及门（楼）址或标志物名三层之间的隶属关系。规范处理是将提取和采集的地名地址信息按照三个层次进行规范化描述，一个地名地址信息通常可以描述为“行政区域地名 | 街巷名或小区名 | 门（楼）址或标志物名”。在地名地址描述中，遇有使用街巷名和小区名描述均可的情况时，街巷名优先于小区名；遇有使用门（楼）址和标志物名描述均可的情况时，门（楼）址优先于标志物名。

5. 三维景观数据

1）组成

三维景观数据包括多分辨率的影像数据、多网格间距的数字高程模型数据、三维模型数据以及影像裁切形成的多级瓦片数据和数字高程模型数据裁切形成的多级瓦片数据。

2）数据源

三维景观数据的源数据包括 100 m、25 m、10 m、5 m、2.5 m 以及部分地区更高精度的数字高程模型数据，30 m、15 m、5 m、2.5 m、1 m、0.5 m 和 0.2 m 以及部分地区更高分辨率的正射影像数据，局部范围或整个地区的三维模型数据。

3）提取

三维景观数据的提取内容包括各类影像数据、数字高程模型数据和三维模型数据。其中，各影像数据可根据影像数据地面分辨率的大小，从基础地理信息数据中选择分辨率间隔适宜的各影像数据。数字高程模型数据可根据数据网格间距的大小，从基础地理信息数据中选择网格间距大小适宜的各数字高程模型数据。与影像数据协调互补的三维模型数据，通常包括建筑模型、部分水系模型和地下空间设施模型。

在进行三维景观数据的影像数据提取时，需要根据范围及分辨率，通过叠置运算，选出所有涉及的图幅、区或块影像数据，并按范围进行裁切。对于数字高程模型的提取，则根据范围及网格间距，通过叠置运算，选出所有涉及的数字高程模型数据，并按范围进行裁切。对于三维模型数据，则从模型数据中选取每个模型的空间位置坐标信息、纹理信息、几何形状信息和属性信息。

4）加工

三维景观数据的加工分为数字高程模型数据的加工、影像数据的加工和三维模型数据的加工。

（1）数字高程模型数据。数字高程模型数据的加工主要是瓦片数据的生成，需要确定瓦片尺寸、格式以及级数计算。计算得出相应参数后，以数字高程模型源数据为基础，融合集成不同网格间距的数字高程模型数据，按照瓦片规定的尺寸和计算出的最大等级数，逐级进行切片。瓦片尺寸的计算方法为

$$S_d = 2^{ceiling\left[\log_2^{C/\left(2^N \cdot P_{\max}\right)}\right]} \tag{3.3}$$

式中，$P_{\max}$ 代表地形最大分辨率网格尺寸，目前为 2.5（2.5 m × 2.5 m）。故瓦片尺寸规定为 16（即 16 × 16），瓦片格式规定为 elev。

根据建模区域数字高程模型源数据的网格尺寸（$P \times P$）和瓦片尺寸（$S_d \times S_d$），确定数字高程模型的瓦片切片最大等级数 $L^d{}_{\max}$。其计算公式为

$$L_{\max}^{d} = ceiling\left[\log_2^{C/(P \cdot S_d)}\right] \tag{3.4}$$

式中，P 代表原始数字高程模型网格尺寸，$L^{d}_{\max}$ 代表需要切片的最大等级数。

（2）影像数据。影像数据的加工同样主要是瓦片数据的生成，需要确定瓦片尺寸、格式以及级数计算，然后进行地名的标注。计算得出相应参数后，以影像数据为基础，按照瓦片规定的尺寸和计算出的等级数，逐级进行切片。瓦片尺寸及格式具体计算方法参见式（3.1）和式（3.2），两者格式保持一致。

（3）三维模型数据。三维模型数据类型分为建筑模型、道路模型、水系模型、植被模型、地面模型以及其他模型。模型分类可参考表 3.2。

表 3.2　模型分类表

序号	图层名	内容
1	建筑	各类地上建（构）筑物等
2	道路	道路、轨道交通、桥梁、道路附属设施、休息设施、卫生设施、信息和通信设施、娱乐休闲设施、照明设施、消防设施、雕塑等
3	水系	水面、河床、码头、河堤、护栏、防洪墙（堤）等
4	植被	各类高出地面的植物、绿地护栏等
5	地面	山体、建筑底面、绿地面及与地面构成同一体的花台、水池、斜坡、台阶等
6	其他	通信机站，高压线走廊等

——建筑模型主要包括建筑物、建筑物屋顶和建筑物附属设施。

建筑物可按照形状、位置分布特点及复杂程度分为简单独立建筑物、附属建筑物、多层建筑物、内部庭院和复杂建筑物。附属建筑物分为两种情况：一种是一边与主体建筑物相连，另一种是两边都与主体建筑物相连。多层建筑物指建筑高度大于 10 m，小于 24 m，且建筑层数大于 3 层、小于 7 层的建筑。内部庭院分为简单内部庭院和复杂内部庭院：简单内部庭院指平顶房内的空地，复杂内部庭院指由不同房檐类别围成的空地。复杂建筑物指建筑物主体包含球面、弧面、折面或多种几何形状，或包含以上提到的多种类型建筑物。

建筑物屋顶可根据屋顶形状划分为平顶房、脊房和复杂屋顶。平顶房包括平顶和单斜面顶两类；脊房包括鞍形屋顶、脊形屋顶、鞍脊屋顶合成、菱形屋顶；复杂屋顶包含多种几何造型的屋顶。

建筑物附属设施包括烟囱、水箱、门廊、台阶、室外扶梯、房屋墩、柱、天窗、屋檐、避雷针、建筑物立面突出物以及屋顶装饰等。

建筑物模型在进行建模时，需要符合三条规定：一是建筑模型在满足视觉效果的情况下，宜减少模型的几何面数和降低纹理的分辨率，对有规律纹理可采用重复贴图的方式；二是建筑模型的基底、外立面几何结构与建筑高度应准确，纹理拼接应过渡自然；三是纹理应正确反映木材、石材、玻璃、金属等建筑材质特征。

——道路模型主要包括道路、轨道交通及桥梁和道路附属设施。道路包括城际公路、城市道路和乡村道路等；轨道交通及桥梁包括铁路、轻轨、高架路、车行桥、人行桥等；道路附属设施包括道路交通标志和标线、路沿、植被隔离带、栅栏、顶篷、路灯、信号灯等。

道路模型在进行建模时，需要符合四条规定：一是道路及其附属设施的位置及平面信息应根据 1:500 比例尺地形图或 DOM 确定，高度信息可进行实地测量或根据遥感影像、航空影像及现场勘查资料进行判读；二是道路的铺装方式和材质特点可依据地区现状主要道路特征确定，人行道的铺装图案材质及颜色宜实地采集；三是道路上的各类交通标识宜与实际情况一致，包括各类交通标志、标线和信号灯等；四是其他道路附属设施宜依据现实生活中的典型示例进行建模或纹理表现，几何尺寸应符合相关设施的设计、制造规范，且可重复使用。

——水系模型主要包括水面、河床、码头、河堤、护栏、防洪墙（堤）等。

水系模型在进行建模时，需要符合以下四条规定：一是水系及其附属设施的位置及平面信息应根据 1:500 比例尺地形图或 DOM 确定，水深信息可进行实地测量或利用可靠的水文资料；二是水系模型制作时必须保证有水的底面与侧面存在，底面应与地形相吻合，水面用示意纹理表达。当水底和地景相连为一体时，可直接采用水面纹理；三是河堤、护栏、防洪墙等附属设施建设时宜依据现实中的典型形式进行建模或纹理表现，几何尺寸应符合相关设施的设计、制造规范，为配合三维场景展示效果，可允许一定的地形损失；四是水面纹理可根据特定需求表现为静止或动态动画效果。

——植被模型通常包括公路或道路两旁成行栽植的行道树，以及绿地、公园、社区、庭院种植的景观植物。

植被模型在进行建模时，需要符合以下四条规定：一是在符合应用需要的可视效果下，其形态、高度宜真实；二是植被模型的树干底部应与其附着面保持一致，与地形相吻合；三是行道树的放置间距应符合实际情况；四是景观植物的放置和搭配宜与实际相符，树种选择和色彩搭配应协调美观，树木的大小、高低、形态应与所在环境的尺度和空间层次相宜。

——地面模型在建模时，通常情况下影像分辨率低于 2.5 m 处的地面模型可以用地形模型代替；必要时，将地面上除建筑物、道路、水系、植被之外的自然或人工修筑所占地面（包括高于地面的露台、下沉式广场、露天体育场、施工地、内部道路、空地、山地等），参照有关技术方法进行分级建模表现。

——其他模型在建模时，模型底部应与其附着面保持一致，模型外形主要结构应表达清楚、准确和完整。此外，模型尺寸、比例应准确，常规尺寸应统一收集获取，特殊造型模型及其细节结构应进行实地测量，并严格按照测量数据进行模型制作。

同时，应控制模型面数，在不影响模型表现效果的前提下，细节特征部分小于 0.1 m 的结构宜用修饰真实纹理表现，大于 0.1 m 的结构宜采用模型表现，弧形结构在保证效果的前提下控制面数。对镂空细节非常多的模型，宜采用透明贴图对模型进行优化。模型的摆放应以实际情况为依据，合理设置摆放位置及间距，不应与周围其他模型相互穿插。对于带状绿篱，花坛、单片栏杆、围墙等非入库模型制作时应注意比例尺度，参考实地测量所得数据。

制作完成的三维模型数据需进行纹理烘焙和几何分层。纹理烘焙是将每个三维模型的多个纹理数据、灯光效果、阴影和倒影等特效，根据显示效率的要求部分或全部集成。几何分层是对提取出的三维模型几何形状数据，通过取舍构成部件、合并面片等方式，将每个三维模型形成面向可视化表现的多个等级。

3.2.2　政务版数据

政务版地图数据包括面向服务的产品数据、专题数据和目录与元数据。

1. 面向服务的产品数据

面向服务的产品数据包括地理实体数据、影像数据、地图数据、地名地址数据和三维景观数据。

1）内容提取

严格遵照《基础地理信息公开表示内容的规定（试行）》的要求，从不同尺度的基础地理信息数据中，提取可公开的要素内容。

2）要素叠加

以 1:25 万公众版地图数据为空间基底，将可公开的要素内容以及其他公开信息进行集成和加工处理。

3）审查

参照基础版数据，处理地理实体数据、影像数据、地图数据、地名地址数据和三维景观数据，通过省级以上（含省级）测绘地理信息行政主管部门审查后，才能成为政务版地图数据。

2. 专题数据

1）组成

由相关部门或单位按照统一的标准规范，在其业务数据基础上经整合加工，形成的面向政府及各部门共享的地理信息数据。

专题数据既可以采用物理集中的方式存放在统一的数据中心，以扩展图层的形式提供服务，也可以存放在本部门或单位的数据分中心，通过服务注册，实现物理上分布式存储、逻辑上集中，同样以扩展图层的形式提供服务。

2）数据源

专题数据提取、整合和加工一般宜采用权威部门的权威数据。

3）提取

专题数据的提取内容包括专题数据的图形数据，以及面向政府及各部门可共享的属性数据。

专题数据的获取方法主要包括数据交换和服务注册两类。数据交换通过硬拷贝或在线交换的方式，提交专题数据；与政务版面向服务的产品数据集中存放，一体化管理服务。服务注册是将专题数据以标准服务的方式发布，并进行注册；与政务版面向服务的产品数据分布式存放管理，在线协同服务。

提取后的专题数据需要进行空间化处理，并按照统一的标准，对专题数据进行投影、分层和格式转换等处理，并参照基础版数据进行加工。对于专题数据中有关地名地址数据，可参照基础版数据进行规范化处理及编码。

3. 目录与元数据

1）组成

元数据分为数据库级、图幅级和要素级三个层次。数据库级元数据属于目录信息，是对数据库内容的总体描述；图幅级元数据是对数据库中各图幅内容的具体描述，用于查询图幅的详细情况；要素级元数据是对数据库中重要地理要素实体数据的描述，用于各类重要地理要素的查询。

目录数据是基于元数据面向不同类型需要自动生成的树形结构信息，用于展现信息资源之间的相互关系。

2）数据源

基础类目录与元数据的数据源一般应采用基础地理信息数据和面向服务的产品数据。专题类目录与元数据的数据源一般应采用专题数据和面向政府及各部门共享的专题数据。

3）提取

数据库级元数据信息内容应提取其全部信息。图幅级元数据一般提取编目信息、标识信息、内容信息、限制信息、数据说明信息、发行信息、范围信息、空间参考系信息、继承信息、数据质量信息等内容。要素级元数据一般提取标识信息、空间参考系信息等内容。

目录与元数据的获取方法主要包括数据交换、服务聚合和网址链接。数据交换通过硬拷贝或在线交换的方式，提交目录与元数据。采用集中存放管理，一体化服务的模式。服务聚合是分布式存储的各种目录与元数据分别以标准服务的方式发布，通过服务聚合，统一对外协同服务。网址链接是将各种目录与元数据服务系统，通过网址链接，采用松散耦合的方式，集中对外服务。

提取后的目录与元数据需要对其内容进行规范化处理，并重新编目，建立与数据实体之间的关联。

3.2.3　公众版数据

公众版数据以 1:25 万公众版地图数据为基础，通过地图编制，叠加可公开的信息内容，并依法通过省级以上（含省级）测绘地理信息行政主管部门的审查。

1. 数据生产

1）数学基础

以 1:25 万公众版地图数据为基础。

2）数据收集

公众版数据的收集来源有三类：一是严格遵照《公开地图内容表示若干规定》及其补充规定的要求，从多源的基础地理信息数据中，提取可公开的要素内容；二是收集导航电子地图、旅游图等公开地图的信息内容；三是收集依法公开的其他各种专题信息内容。

3）地图编制

以 1:25 万公众版地图数据为基础，叠加各种可公开的信息。然后进行内容删减和数据简化，按政务版和国家公众服务平台的要求配图，形成电子地图数据，并生成瓦片数据。

对于地图瓦片，其分块的起始点从 180°E、90°N 开始，向东向南行列递增。地图瓦片分块大小为 256 像素 ×256 像素。地图瓦片数据文件格式采用 PNG 或 JPG。

地图瓦片文件数据组织结构如图 3.2 所示。根目录以下为地图瓦片分级目录，其命名方式为 “L+ 级别”，L1、L2、L3、…；地图瓦片分级目录下以该级别地图瓦片矩阵的行为目录，其目录名命名方式为 “R+ 行号”，R0、R1、R2、…；行目录下为具体的地图瓦片文件，其文件名命名方式为 “C+ 列号”，C0.png（或 C0.jpg）、C1.png（或 C1.jpg）、C2.png （或 C2.jpg）…。

4）地图分级

电子地图按照显示比例尺或地面分辨率进行地图分级。

显示比例尺计算方法如下

$$D_s=1:(G_R \times S_R / K) \tag{3.5}$$

式中：D_s 为地图显示比例尺；G_R 为地面分辨率，单位为米 / 像素；S_R 为屏幕分辨率，等于 96 像素 / 英寸；K =0.025 4 米 / 英寸。

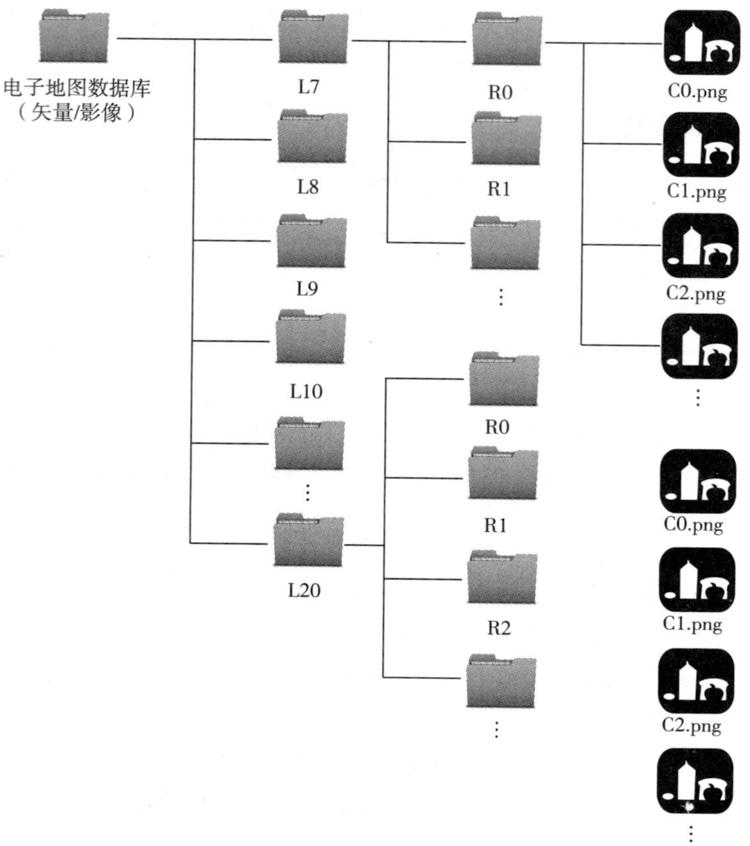

图 3.2 地图瓦片文件组织结构

地面分辨率计算公式如下

$$G_R=\left[\cos\left(\varphi\times\frac{\pi}{180}\right)\times 2\times\pi\times a\right]/L \tag{3.6}$$

式中：G_R 为地面分辨率，单位为米 / 像素；φ 为纬度，采用赤道纬度，即为 0°；a 为椭球长半轴，取 2000 国家大地坐标系规定参数，为 6 378 137m；L 为 256×2^l，单位为像素，其中的 l 为比例尺级别，最小为 0。

在制作电子地图时，每级应与表 3.3 中相应比例尺的数据源对应，其要素内容选取应遵循三条原则：一是每级地图的地图载负量与对应显示比例尺相适应的前提下，尽可能完整地保留数据源的信息；二是下一级别的要素内容不应少于上一级别，即随着显示比例尺的不断增大，要素内容不断增多；三是要素选取时应保证跨级数据调用的平滑过渡，即相邻两级的地图载负量变化相对平缓。

表 3.3　地图分级

级别（l）	地面分辨率（米 / 像素）	显示比例尺	数据源比例尺
0	156 543.033 9	1:591 658 710.91	1:100 万
1	78 271.517 0	1:295 829 355.45	
2	39 135.758 5	1:147 914 677.73	
3	19 567.879 2	1:73 957 338.86	
4	9 783.939 6	1:36 978 669.43	
5	4 891.969 8	1:18 489 334.72	
6	2 445.984 9	1:9 244 667.36	
7	1 222.992 5	1:4 622 333.68	
8	611.496 2	1:2 311 166.84	
9	305.748 1	1:1 155 583.42	
10	152.874 1	1:577 791.71	
11	76.437 0	1:288 895.85	1:25 万
12	38.218 5	1:144 447.93	
13	19.109 3	1:72 223.96	1:5 万
14	9.554 6	1:36 111.98	
15	4.777 3	1:18 055.99	1:1 万
16	2.388 7	1:9 028.00	
17	1.194 3	1:4 514.00	1:1 万或 1:5 000
18	0.597 2	1:2 257.00	1:2 000 或 1:1 000
19	0.298 6	1:1 128.50	
20	0.149 3	1:564.25	1:1 000 或 1:500

2. 审图

编制的电子地图数据及其瓦片数据，通过省级以上（含省级）测绘地理信息行政主管部门审图并获得审图号后，才能成为公众版地图数据。

3.3　平台服务发布

在面向服务架构的定义中，服务是自包含、模块化的软件实体，具有网络可寻址的粗粒度接口；服务的位置对于服务请求者是透明的，可以被动态发现并绑定；同时，服务是松散耦合的，强调互操作，可以按照某种方式与组件、应用程序或其他服务进行组合。GIS 服务指网络环境下的一组与地理信息相关的软件功能实体。根据服务的内容不同，GIS 服务分为 GIS 数据服务和 GIS 功能服务，GIS 数据服务通过接口向外提供空间数据，GIS 功能服务通过接口向外提供空间数据处理功能。与传统的 GIS 数据功能相比，服务的数据既可以来源于本地，也可以来源于网络，通过网络将结果返回给用户或应用程序。

地理信息公共平台在接收平台数据集生产成果后，一方面可以将部署在网络上或本地的各种类型、各种格式的地理信息资源便捷地发布，并注册进平台资源中心对外共享；另一方面也可以将在网络上各种已经发布的可识别服务资源经注册审核后供平台用户使用。

3.3.1 原始数据资源

服务发布技术体系可以接受的数据资源包括矢量数据、栅格数据、地图瓦片集和网络数据（地图）服务等。

矢量数据源类型包括本地文件和数据库两种类型，本地文件包括 shapefile 和其他数据（FileGDB、MDB、MapInfo File、KML、GML、GeoRSS、GeoJSON、FileGDB），数据库包括 PostGIS 数据源、Oracle Spatial 数据源。栅格数据源类型同样包括本地文件和数据库两种类型，本地文件中文件类型包括 IMAGE 数据文件和 TIFF 数据文件，数据库中包括 Oracle Spatial 数据源。地图瓦片集数据是使用切片工具切成的瓦片数据。网络数据（地图）服务包括网络地图服务（WMS、WMTS）、网络数据服务（WFS）和网络覆盖服务（WCS）等。

3.3.2 服务架构

1. 地理信息服务架构风格

基于 Web 的应用程序架构风格有很多种，大体上可以分为数据流风格、复制风格、分层风格、移动代码风格和点对点风格五大类，每一种风格又有很多细分。对于 Web 服务，架构风格可以系统地分为三种：RPC 式架构、REST 式架构和 REST-RPC 混合架构。

1）RPC 式架构

RPC（remote procedure call protocol，远程过程调用协议）是一种网络协议，程序可以使用该协议，通过网络从远程计算机程序上请求服务，但不需要了解底层技术细节。RPC 使用客户机—服务器模式，请求程序是客户机，服务提供程序是服务器。

RPC 技术最早由 Bruce Jay Nelson 于 1981 年提出。1984 年，在 Birrell 和 Nelson 合作发表的文章《Implementing Remote Procedure Calls》中，总结了 RPC 具有的三个优势：一是干净简单的语义，更容易建立起分布式计算模式；二是良好的效率，调用过程足够简单，从而保证高效；三是普遍性，即程序是算法之间沟通的最重要的机制。

目前 RPC 作为网络通信的一种重要协议，已经得到了不断的发展，模式众多。其中由 SUN 公司和 OSF（open software foundation，开放软件基金会）所建立和使用的 RPC 比较典型。在 SUN 公司的 ONC（open network computing，开放式计算环境）中，RPC 是基本的实现技术，随后 IETF（The Internet Engineering Task Force，国际互联网工程任务组）将 ONC RPC 重新修订，成为 IETF 的标准协议。OSF 开发的 DCE（distributed computing environment，分布式计算环境）也是基于 RPC 技术，并成为目前最为普遍的模式。

2）REST 式、面向资源的架构

REST 是一种轻量级的 Web 服务架构风格，其实现和操作明显比 SOAP 和 XML-RPC 更为简洁，可以完全通过 HTTP 协议实现，还可以利用缓存（cache）来提高响应速度，性能、效率和易用性上都优于 SOAP 协议。

REST 架构遵循了 CRUD 原则，CRUD 原则对于资源只需要四种行为：Create(创建)、Read(读取)、Update(更新)和 Delete(删除)，就可以完成对其操作和处理。这四个操作是一种原子操作，即一种无法再分的操作，通过它们可以构造复杂的操作过程，正如数学上四则运算是数字最基本的运算一样。

REST 架构让人们真正理解网络协议 HTTP 本来的面貌，对资源的操作包括获取、创建、修改和删除资源的操作正好对应 HTTP 协议提供的 GET、POST、PUT 和 DELETE 方法，因此 REST 把 HTTP 对一个 URL 资源的操作限制在 GET、POST、PUT 和 DELETE 这四个方法之内。这种针对网络应用的设计和开发方式，可以降低开发的复杂性，提高系统的可伸缩性。

REST 架构总结起来，具有以下属性特点。

（1）可寻址性。REST 要求：如果将一个数据集作为资源发布出来，那么就应该是可寻址的。而实现上，如果把有价值的数据集都以资源、URL（统一资源标识符）暴露出来，那么就符合这个特点。一个可寻址的应用会为它可能提供的每一则数据或信息发布一个 URL。一般来说，URL 的数量是无限的。从这个角度看，计算机上的文件系统也是一个可寻址的系统，命令行应用可以接受文件路径为参数，然后对该文件进行一些操作。可寻址是 Web 应用的优点，它令客户端可以灵活自由地使用服务(网站)的资源。

（2）无状态性。REST 要求通信必须在本质上是无状态的，即从客户到服务器的每个请求都必须包含理解该请求所必须的所有信息。无状态性使得整个系统具有以下优点：客户端和服务器端不必保存对方的详细信息，服务器只需要处理当前请求，而不必了解所有的请求历史；同时减少了服务器从局部错误中恢复的任务量；服务器端可以很容易地释放资源；服务器端不必在多个请求中保存状态，从而达到改善系统的可见性、可靠性、可伸缩性的作用。同时，这种规范的缺点也是显而易见的，由于不能将状态数据保存在服务器上的共享上下文中，因此增加了在一系列请求中发送重复数据的开销，降低了效率。

（3）连通性。连通性可让 Web 应用对用户更加友好地提供信息。以一个普通网站为例，熟练的用户可以直接在浏览器地址栏里输入 URL 进入网页，通过修改 URL 来切换页面；更多的用户则是以该网站的门户为起点开始上网的，通过提供的超媒体链接来浏览不同的资源。符合 REST 的 Web 服务也应当提供具有连通性的超媒体，从而方便地让用户通过使用中的服务发现新的服务，使整个应用具有向前的推动力。不过，目前大多数 Web 服务的内部没有相互链接。

（4）统一接口。在 REST 世界里，网络上所有的事物（包括抽象功能）都被抽象为资源，通过通用的链接器接口对资源进行操作。即 HTTP 提供四种基本方法：获取资源的一个表示，HTTP GET；创建一个新资源，向一个新的 URL 发送 HTTP PUT，或者向一个已有 URL 发送 HTTP POST；修改已有资源，向已有 URL 发送 HTTP PUT；删除已有资源，HTTP DELETE。这样设计的好处是保证了系统提供的服务都是解耦的，可极大地降低系统的复杂度，改善系统的交互性和扩展性。

3）REST−RPC 混合架构

REST-RPC 混合架构这个概念来源于《RESTful Web Services》一书，它用于形容那些介于 REST 式架构与纯 RPC 式架构之间的 Web 服务。这些服务通常是由那些对真实 Web 应用懂得比较多，但对 REST 理论不精的程序员创建的。还有一种流行的称法“HTTP+POX”，这个词表示“HTTP 加普通老式 XML(plain old xML, POX)”。

从设计的角度来看，不会有人特意把服务设计为 REST-RPC 混合架构。由于 HTTP 工作方式的原因，任何采用普通 HTTP 并暴露多个 URL 的 RPC 式服务，往往最终成为 REST 式架构或混合架构。

SOAP RPC 架构的 Web 服务与 REST、面向资源的架构有着很大的不同，从对 Web 服务的不同理解，到实现使用的技术都存在很大的差异。表 3.4 从多个方面比较了两种架构的不同。

表 3.4　REST 与 SOAP RPC 架构的对比

	REST	SOAP RPC
对 Web、Web 服务的理解	Web 是一组资源的集合，Web 服务本质上就是对资源的访问	Web 服务是一组消息的交互，Web 是用来承载这一交换过程的一个中间载体
寻址模式	标准化的 URL，资源与 URL 一一对应	URL 只用来定位 SOAP 端点，资源与 URL 不是一一对应的，一个端点对应多个资源
返回结果表现形式	根据使用者提交的资源 URL 返回资源的某种表示（如 HTML、XML、JSON、JPEG)	限定结果必须包含于 SOAP 消息内，也就是结果只能以 XML 来组织
接口	只提供 HTTP 的 GET、PUT、POST 和 DELETE 四种通用接口	不提供通用操作，根据服务内容提供自定义的方法

上文从 Web 服务的基本层面比较了两种架构风格的不同，下文从地理信息 Web 服务自身角度分析。首先，地理信息 Web 服务是为地理空间数据共享提出的解决办法，其本质目的是解决地理空间数据 (资源) 的共享与互操作；其次，OGC 定义的典型地理信息 Web 服务的设计符合面向资源的特点，其中，数据处理流程服务也可以理解为一种功能性资源，这类似于谷歌的搜索服务，搜索本身是一种资源；最后，地理信息 Web 服务的自描述接口 (GetCapabilities) 要求 REST 风格，自描述是 REST 架构风格的特点，这一规范可以作为一种资源发现的方法。OGC 虽然只是从框架和概念层面对地理信息 Web 服务进行了描述，没有规定服务实现的架构与技术，但使用 REST 架构风格会让服务具有更好的可扩展性，更方便用户使用。所以，本书提出采用 REST 式、面向资源的架构风格设计，实现典型的地理信息服务，简称为 RESTful 架构。

2. RESTful 架构

1）资源规划

一个资源就是任何可作为超链接目标的事物，一个数据集中可能包含多个资源。表 3.5 和表 3.6 中列出了本书中的地理信息 Web 服务中所涉及的数据集及资源。

表 3.5　地理信息 Web 服务数据集表

数据集	说明
空间数据图层	地理信息 Web 服务发布的空间数据集合 (图层)
数据处理流程服务提供的处理功能集	数据处理流程的算法集合，如 Buffer、convexhull、 overlay、routing 等
地图	WMS 提供的所有地图
空间对象	WFS 服务发布的空间对象，或进行流程处理的几何对象

表 3.6　地理信息 Web 服务资源表

资源类型	资源
一次性资源 (门户资源)	1. 空间数据列表 (1 个) 2.WPS 功能列表 (1 个)
每个对象对应的资源	3. 提供服务的空间数据图层 (若干) 4. 空间数据集中包含的每个空间对象 (很多) 5.WPS 提供的空间数据处理功能 (若干)
数据集执行算法的结果资源	6.WMS 请求时得到的地图 (无数个) 7.WFS 请求时得到的空间对象集 (无数个) 8.WPS 处理结果集 (无数个)

2）资源 URL 命名

任何可能被引用的对象都应该有自己的命名，也就是对所有要暴露的资源进行 URL 命名，方法参考表 3.7。本书描述中使用 http://xxx. xxx. xxx. xxx /gws/ 为根 URL，描述资源时使用相对 URL，例如 /resources/china_river，实际指 http:// xxx. xxx. xxx. xxx /gws/ resources/china_river。URL 设计时遵从以下基本原则：

——用路径变量 (path variables) 来表达层次结构：/parent/child。

——在路径变量上加上标点符号，以消除误解：/parent/child1;child2。

——用参数变量来表达算法的输入：/parent/child?REQUEST=GetMap&SRS=EPSG:4326&BBOX=-90,0,0,90&WIDTH=512&HEIGHT=512。

表 3.7 地理信息 Web 服务资源命名方法

资源	命名
空间数据列表	/resources
WPS 功能列表	/wps
提供服务的空间数据图层	/resources/layername 例 :/resources/china_river
空间对象	/resources/layername/gid
WPS 提供的空间数据处理功能	/wps/function 例 : /wps/buffer
WMS 请求时得到的地图	/resources/layername?SERVICE=WMS&REQUEST=GetMap&SRS=EPSG:4326&BBOX=-90,0,0,90&WIDTH=512&HEIGHT=512
WFS 请求时得到的空间对象集	/resources/layername?SERVICE=WFS&REQUEST=GetFeature&SRS=EPSG4326&BBOX=-90,0,0,90
WPS 处理结果集	/wps/buffer?FORMAT=GeoJSON

3）来自客户端的表示

客户端的请求，表示即 HTTP 请求中的实体主体，用来确定发送到服务端的数据类型与内容。

对于 WMS、WFS 以及获得空间数据列表、图层和对象的几种地理信息 Web 服务，客户端的请求一般使用 GET 方法进行资源访问，发送到服务端的内容可以在 URL 内或请求的实体主体内使用关键字—值对 (Key-Value Pairs，KVP) 来表达。在 OGC 提供的 WMS、WFS 规范里，有对所有请求的 KVP 的描述。可以参考规范设计，如一个获取 WMS 服务描述的请求，可以直接使用 URL：

/resources/layername?SERVICE=WMS&REQUEST=GetCapabilities&VERSION=1.1.1

也可以在 HTTP 请求的实体主体中使用如下表示：

{"SERVICE" =>"WMS", "REQUEST" =>"GETCAPABILITIES", "VERSION" =>"1.3.0"}

对于 WPS 的几项处理服务，设计使用 POST 方法进行请求，其中要发送几何对象这种比较复杂的数据结构，应当采用 JSON 或 XML 这类可扩展的文件格式来进行表示。由于 GIS 的特殊性，简单的自定义结构的 XML 和 JSON 并不能很好地适应空间对象的描述，本书设计采用 GML、KML 和 GeoJSON 三种扩展形式来实现发送内容的表示。GML 是 OGC 的地理标记语言规范；KML 原本是谷歌地球、谷歌地图中使用的地标交换文件格式，在 2008 年也成为 OGC 的标准之一；GeoJSON 是一个对 JSON 文件扩展的格式，专门用来对所有空间数据对象进行统一规则的描述。这三种格式不仅有很好的可扩展性，在 GIS 领域也具有标准性，有利于描述数据的共享与互操作。例如一个 Buffer 服务请求时，采用 GeoJSON 的表示如下。

{"type":"FeatureCollection",
"features":[{
"type":"Feature",
"id":"OpenLayers.Feature.Vector_272",
"properties":{},
"geometry":{"type":"polygon","coordinates" :[[10.51513671875,36.50634765625],[7.87841796875,36.37451171875],[8.14208984375,34.92431640625],[13.02001953125,34.35302734375],[10.51513671875,36.50634765625]]}
}]}

4）返回客户端的表示

发给客户端的表示指返回的数据及采用的数据格式。这个表示一般会包含请求资源的当前状态、可能的下个应用状态或资源状态的链接。资源状态包括资源的全部信息。包含下个应用状态的目的是实现服务的连通性，把所有资源通过链接连通起来，从一个资源推进到另一个。

空间数据列表服务返回的内容采用 XHTML 格式的表单，表单包含数据名称等基本描述以及查看每一条空间数据的超链接，服务资源返回客户端中各资源的表示方法见表 3.8。

表 3.8 服务资源返回客户端中各资源的表示方法

资源	表示
空间数据列表	XHTML 格式的表单
WPS 功能列表	XHTML 格式的表单
提供服务的空间数据图层	XHTML
空间对象	GML、KML 或 GeoJSON，根据客户端类型请求确定
WPS 提供的空间数据处理功能	XHTML 格式的表单
WMS 请求时得到的地图	PNG、JPEG 等格式的 IMAGE 文件
WFS 请求时得到的空间对象集	根据 WFS 规范使用 GML 文件
WPS 处理结果集	GML、KML 或 GeoJSON，根据客户端类型请求确定

以下示例是一个表单的表示，表单中只有一条记录。

```
<!DOCTYPE html PUBLIC "-//W3C//DTD XHTML 1.1//EN"
"http://www.w3.org/TR/xhtml11/DTD/xhtml11.dtd">
<html xmlns="http://www.w3.org/1999/xhmtl" xml:lang="ZH-cn">
<head><title> 空间数据列表服务 </title></head>
<body><ul>
<li> 河流数据 </li>
<li><a href="http://211.168.132.80/NmAPI/NmService/nmSrv.php?map= /
gis_platform/apps/config/china400.map&amp;service=wms-c&amp;&amp;servi
ce=wms&amp;request=getcapabilities">WMS 服务 Capabilities</a></li>
</ul></body>
<html>
```

WMS 返回的是地图图片，表示为 IMAGE、PNG 等图像格式的图片；WFS 返回以 GML 格式描述的空间对象集；WPS 与空间对象服务按 GeoJSON 格式进行空间对象描述进行返回。

5）资源连通性设计

用超链接和表单把所有资源联系起来。本书中，客户端从服务的“首页”(资源列表)开始，通过链接查看某一图层资源，进入地图或空间数据表现，然后通过地图缩放、漫游等链接进行地图或空间数据的浏览，客户端也可以选择某个空间对象进行 WPS 处理，通过链接来查看结果数据集，其中通过链接得到的资源可以通过导航链接访问到以前的资源。地理信息 Web 服务的连通性设计如图 3.3 所示。

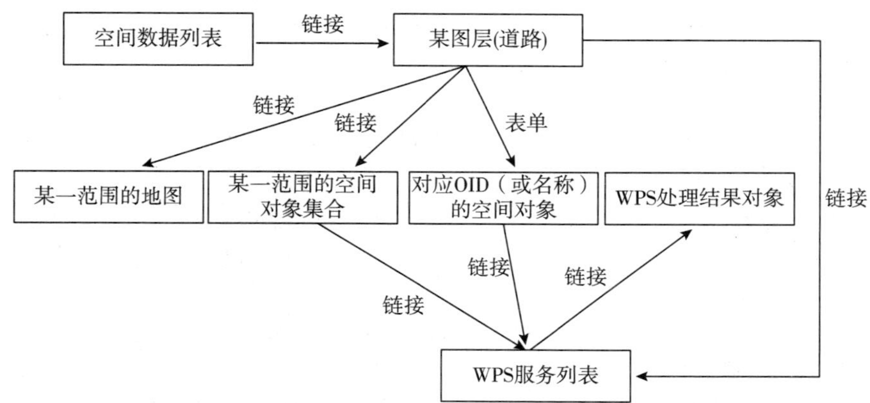

图 3.3 地理信息 Web 服务的连通

6）典型事件设计

地理信息 Web 服务中只有 WFS-T(支持事务处理的 WFS) 和索引服务是可读写的面向资源服务，其余的如 WMS、WPS 等都是只读的地理信息服务。对于只读服务，典型事件只有 GET 操作，用户向 URI 发送 GET 请求，服务返回正确的响应代码 (200)、一些 HTTP 报头以及一个实体主体。HTTP 响应报头中，对只读服务来说有价值的报头是 Content-Type，用来说明返回媒体的类型。对于 WMS，其值为 IMAGE/PNG 等地图图像格式；对于 WFS，为 application/xml+gml；对于 WPS，可能为 application/xml+gml、text/json+geojson 等。对于可读写服务，会有 PUT、GET、DELETE 等典型事件，GET 和 DELETE 如果成功，返回 200(“OK”)，PUT 事件较复杂，如果是记录更新时，响应代码为 205(“Reset Content”)。表 3.9 列出了所有可能的典型事件。

表 3.9　典型事件

操作	HTTP 动作
列出地理信息服务资源	GET/resources
发布地理信息服务资源	POST/resources
查看地理信息服务资源	GET/resources/23
修改地理信息服务资源	PUT/resources/23
删除地理信息服务资源	DELETE/resources/23
WMS GetCapabilities	GET/resources/23?service=wms&request=getCapabilities
WMS GetMap	GET/resources/23?service=wms&request=getMap
WMS GetFeatureInfo	GET/resources/23?service=wms&request=getFeatureInfo
WFS GetCapabilities	GET/resources/23?service=wfs&request=getCapabilities
WFS GetFeature	GET/resources/23?service=wfs&request=getFeature
WFS Transaction	PUT/resources/23?service=wfs&request=transaction POST/resources/23?service=wfs&request=transaction DELETE/resources/23?service=wfs&request=transaction
buffer	POST/wps/buffer
convexhull	POST/wps/convexhull
overlaps	POST/wps/overlaps
routing	POST/wps/routing

3.4 核心装备及服务内容——以 NewMap 为例

3.4.1 NewMap DMP

平台数据与基础地理信息的本质区别在于前者为面向服务的地理信息，因此首先需要解决的是数据面向信息的可视化表达，主要需要攻克地图符号和地图配图两项关键技术：一是通过地图符号快速实现数据的符号化，解决直接从数据库中读取没有符号化的数据适用性较差的难题；二是基于专家知识模块的快速制图，解决按照传统制图工艺制作美观易读、符合规范的地图，耗时较长，难以满足网络地理信息服务的实时化要求的问题。在此基础上，需要能够面向网络地理信息服务的数据组织，快速地根据服务要求输出符合要求的地理信息瓦片数据。

为此，本书作者及其带领的科研团队遵照现代地图学理论，基于 NewMap 面向 C/S 的底层开发模块，研制了地理信息公共平台数据制作软件 NewMap DMP，它以符号定制和基于专家知识模版的快速成图技术为核心，整理提炼制图专家的工艺流程与技术经验，将从数据到地图的全过程分解为六个环节：①数据分层，建立不同符号表达的数据层按照国标分类代码的完整细分；②压盖处理，依据制图经验与读图认知的图层压盖顺序设置；③注记配置，从美观、协调、均匀等角度进行注记字段、颜色、字体、大小、方向等一共 19 项的设置；④符号表达，不同图层的不同样式符号设置；⑤制图分层，建立数据图层与制图图层之间的一一对照关系；⑥屏幕表达，面向信息时代屏幕表现信息量固定的原则，设置不同比例尺下屏幕应显示的不同要素内容。针对每个环节，总结提炼制图专家长期积累的实践经验，建立各环节开放式的专家知识模版，基于设定的模版进行快速制图，从而实现从数据到可视化地图的自动化处理。通过基于专家知识模版的一键成图技术生成的地图，既可以直接发布成网络服务，实现网络调用，又可以进行制版输出。

NewMap DMP 是面向地理信息大数据量、快速处理与集成配置的需求、基于底层核心组件搭建的 GIS 系统，它可以实现多种类型空间数据的加工、建库、管理、配置、制图、分析以及输出功能，支持矢量数据、影像数据、缓存数据、三维数据、元数据等多种类型数据的管理，提供了多种格式数据的导入、编辑、入库、更新、删除、裁切、转换、导出、制图等功能，兼容各种常用的数据格式达 20 多种，提供了快速的一键式地图配置，实现了平台无关的地图可视化表达，为网络地理信息发布服务提供了基础支撑。同时研制了符号编辑系统 NewMap SymEditor 作为辅助软件（见图 3.4），实现灵活的符号编辑制作，通过该软件对面向服务的地理信息进行点、线、面符号的绘制，进而对各类符号的颜色、纹理进行可视化配置和管理。

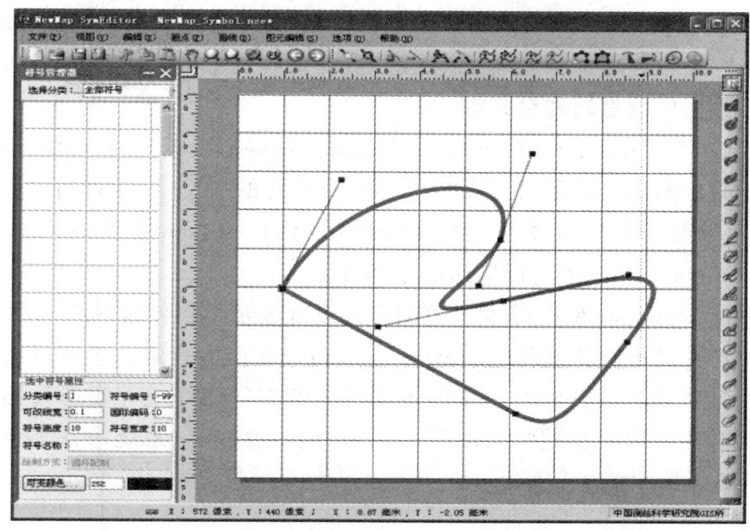

图 3.4　NewMap SymEditor 界面

3.4.2　NewMap Manager

长期以来，测绘地理信息部门一直以数据硬拷贝的方式对外提供资料，这种服务模式耗时长、效率低；资料传递环节多，存在着很大的安全隐患；另外也不利于更新维护和共享叠加在上面的专题信息。随着数字城市建设的深入与不断展开，网络化的在线服务、服务器前置等模式逐步变为主流，逐步替代了传统的数据硬拷贝，推动测绘服务模式由粗放转向集约、由离线转向在线，既节约了时间，又避免了数据之间的物理流转，增强了数据使用中的安全系数，也保障了测绘地理信息数据的唯一性和权威性，为各种专题信息提供了统一的空间基底。服务模式的关键，就是需要将原来分幅分层的原始数据发布为可以在线调用的网络服务。

为此，本书作者及其带领的科研团队，遵循 WebService 规范、面向地理信息实时在线服务的要求，基于 NewMap Components 的底层支持，研制了地理信息服务软件 NewMap Server。NewMap Server 是一款基于 SOA 架构、功能强大、性能高效、运行稳定的服务型 GIS 产品，用于构建集中管理的、支持多用户负载均衡的企业级 GIS 服务应用与服务，提供了创建和配置 GIS 应用程序和服务的框架，可以满足各种客户端的各种需求。它不但实现了数据的共享和互操作，而且其高级的 GIS 功能（如空间分析、地理编码、网络分析和在线编辑等）也能够通过 Internet/Intranet 为普通用户所拥有。

GIS 开发人员可以使用 NewMap Manager 构建运行在标准 Web 服务器上的 Web Applications、Web Services 以及其他企业级应用，也可以用 NewMap Manager 构建桌面 GIS 应用，通过 Client/Server 模式与服务器实现通信。GIS

应用开发人员能够通过 Web Services 或 Client/Server 环境，构建和部署高级的 GIS 服务器应用，在服务器端实现 GIS 高级功能，比如叠加分析、拓扑分析、最短路径空间数据库的编辑和管理等。

基于 NewMap Manager 的开发人员可以使用各种语言如 JavaScript、php、Python、C++、.NET 以及 Java 等进行 Web 应用的开发。php、C 及 C++ 语言进行 GIS 服务器端功能的扩展，JavaScript、ASP、Flash 等实现浏览器应用开发，.NET、Java、C++ 等进行桌面应用的开发。

NewMap Manager 使得开发人员和系统设计人员可以实现一个 GIS 功能集中管理的系统。通过将浏览器作为 NewMap Manager 的客户端，企业可以在多用户部署中大大节省成本，并且企业中的不同机构和部门之间能够实现数据的共享和互操作，同时能够很容易地将 GIS 功能集成到企业的其他系统中，其管理功能部分界面如图 3.5 所示。

图 3.5 NewMap Manager 界面

3.4.3 服务内容

RESTful 服务体系可实现一个 Catalog 入口以及服务资源推进式的使用，适于快速开发与扩展；支持按资源驱动的地图服务 MapServer、要素服务 FeatureServer、网络路径服务 NetWorkServer、地理编码服务 GeoCodeServer、数据处理服务 ProcessingServer 等。OGC 服务体系支持 CSW、WMS、WFS、WMTS、WCS、WPS、WFS-G 等标准 OGC 服务。NewMap Manager 的服务创建方式分为资源驱动和类型驱动，服务发布时需要的管理功能包括查询、浏览、创建和编辑，对于已经发布成功的服务，通过服务注册和服务审核后，可进入平台的资源中心，对外共享应用。

按类型驱动的服务发布包括 NewMap Server 自定义的 MapServer、FeatureServer、NetWorkServer、GeoCodeServer 和符合 OGC 地图服务标准的 WMSServer、

WFSServer、WCSServer、WMTSServer、WFSGServer。

1. 目录服务

在进行网络开发时，用户通过目录服务用来索引已经发布的所有服务，通过不同权限等级区分，提供地理信息服务目录的查看、增加、更新与接口删除。

2. 地图服务

地图服务提供对地图资源的访问，包括实时地图和静态金字塔瓦片库访问功能。能够提供多源、多尺度、多时相、多类型的数据库和本地文件的海量矢量和影像数据的地图服务，并对矢量数据可实现复杂的符号化表达。用户通过地图服务可以实现网络上地图资源的共享和互操作。创建地图缓存（可选）是在多级比例尺下预先渲染分块的地图集合，用来提高地图显示和使用的效率。因为地图影像不需要根据用户的请求动态实时地渲染生成，因此缓存服务可以大大提高显示速度。然而，因为地图影像是在创建地图缓存时预先计算生成的，因此地图缓存只能用来提供静态的地图内容。地图缓存保存了一系列比例尺下的地图数据，每个比例尺对应一定详细程度和分辨率的地图信息。

3. 要素服务

要素服务提供对矢量空间数据资源的访问。创建要素服务时可以直接选择空间数据文件或数据库资源发布为要素服务。FeatureLayer 是 NewMap Server 自定义的数据服务。它可以将本地、空间数据库等空间矢量数据发布为网络数据资源。用户可以通过该服务对空间数据进行空间位置获取，对地理要素的空间查询、属性查询和空间分析等。用户可以非常方便地请求到所需要素信息，并且在此服务中提供了矢量数据的属性和空间查询、统计等功能。其 REST 风格的数据获取接口 GetFeature 更为简单，同时提供 XML、GML、KML、GeoJSON 和 GeoRSS 多种数据返回格式。

4. 空间处理服务

空间处理的基本目的是为了帮助用户自动完成 GIS 任务。几乎所有应用 GIS 的地方都会包含一些需要重复执行的工作。因此产生了构建一个空间处理框架的需求。目前，数据处理服务是一系列的 GIS 几何对象处理功能集，以 WebServices 方式提供数据运算。待处理的数据资源由客户端提交到 NewMap Server。从 REST 风格 WebServices 的角度看，这些 GIS 功能是 NewMap Server 发布的资源。

空间处理服务提供了针对单个要素对象、两个要素对象和多个要素对象的不同处理服务功能。其中，针对单个要素对象提供缓冲查询分析、投影转换、凸包、边界、形心、标注点空间操作以及周长、面积计算功能；针对两个要素对象，提供包含、相等、相交、相邻、相离拓扑判断功能以及点到点、点到线、点到面空间计算功能；针对多个要素对象，提供相交、相差、并、对称差等叠加分析功能。

5. 网络分析服务

网络分析服务提供了最短路径分析等网络分析功能。

6. 地理编码服务

地理编码是将街道地址转换为空间位置，通常是以坐标值表示点的过程。许多用户需要使用自己的地理编码服务。在大多数情况下，通过常规、商业提供的地址编码应用，一般很难获得满意的结果。NewMap Server 总结了地名（地址）编码规范，在此基础上提供了地理编码服务。

7.OGC 地图和数据服务

OGC 地图和数据服务提供符合 OGC WMS、WFS 和 WCS 标准的服务接口。通过 NewMap Manager 对空间数据实体发布为 OWSServer。WMS 用来以图片数据形式发布和查询基于 Web 的地图图层，这些栅格格式有 PNG、GIF、JPEG 等，一个很大的特点就是允许用户自定义要素符号。由于 WMS 提供的是图片地图数据，常用于 GIS 应用底图或对数据不需过多操作的场合。WFS 用来发布 GML 形式的矢量地图数据，由于使用者获取的是等同于真实数据源的矢量数据信息，这样采用 WFS 就能够实现更为高级的 GIS 操作，例如查询、定位甚至数据编辑等。为了实现基于 WFS 的数据更新和事务处理，OGC 又在 WFS 基础上提出了 WFS—T 标准。WCS 使得用户能够获取地理位置等信息的地理 Coverage 数据，而并不像 WMS 一样只是提供一个图片。WMS 一般是通过一个空间条件进行过滤，然后返回一个静态图片；WCS 则允许复杂的查询，并且返回包括详细 GIS 信息的栅格数据；WCS 所发布的服务一般是带有地理坐标信息的栅格数据信息，包括 Grid、DEM 以及遥感影像等；WMTS 提供了一种采用预定义图块方法发布数字地图服务的标准化解决方案，弥补了 WMS 不能提供分块地图的不足。

3.5 小结

本章建立了从基础地理信息数据到地理信息公共平台服务的整个技术流程，以 NewMap 软件为例，介绍了该技术流程的两个核心装备：平台数据生产系统 NewMap DMP 和平台服务发布系统 NewMap Server，并详述了在网络上发布提供可共享的自定义服务内容和符合国际统一规范的服务内容。

第4章　平台建设服务技术体系

面向各种应用需求，地理信息公共平台提供了五种应用模式，通过建立地理信息公共平台软件，将第3章介绍的地理信息服务和应用模式有机集成，支撑政府及各部门、企事业单位和社会公众以地理信息为基础的专题应用系统建设。

4.1　技术体系架构

通过平台数据生产技术体系的建设，将原有的基础地理信息数据和用户功能需求，转化为数据服务、二次开发接口服务、功能服务等各类服务资源。这些服务资源对于普通用户而言，仍是一些无法便捷使用的代码，若要真正让用户使用起来，则需要建立一个友好、易用、开放的服务系统，并能够根据不同类型用户的需求提供应用的方式和方法。

根据用户使用地理信息公共平台的目的，可以将用户分成五种类型，分别是以浏览查询统计为目的普通用户，以调用服务为目的专业用户，以调用二次开发接口为目的开发用户，以简单功能定制为目的的定制用户和以嵌入现有第三方系统为目的的嵌入用户。针对这五类用户的需求，平台建设服务体系提供了五种应用模式[22]，分别是在线调用、标准服务、零码组装、二次开发和内嵌调用，如图4.1所示。

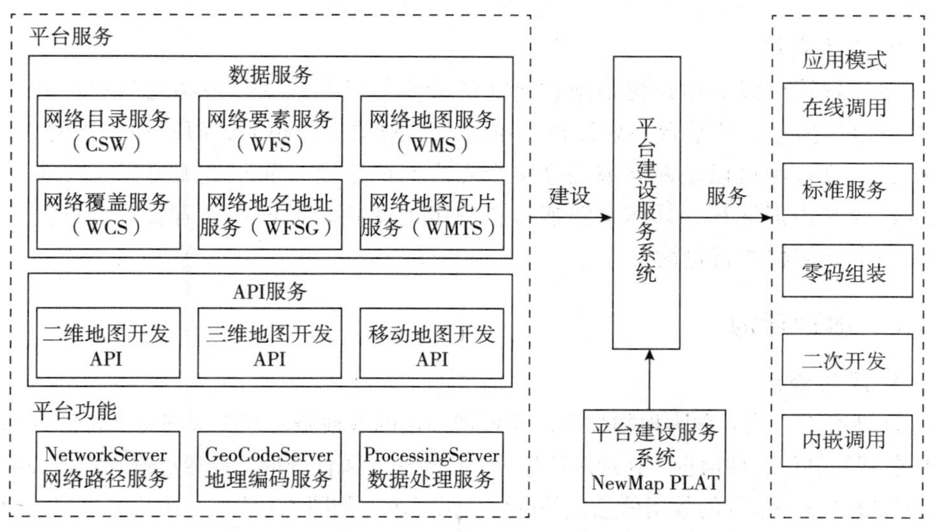

图4.1　平台建设服务技术体系架构

为了方便用户使用，在城市需求调研和应用实践的基础上，本书作者及其带领的科研团队基于NewMap、面向B/S的核心底层研发了支撑软件NewMap PLAT[23]，能够为不同条件的用户需求提供完整的解决方案。

4.2 在线调用

在线调用服务模式适用于对地理信息应用需求较为简单的用户。该模式下，直接键入地理信息公共平台的服务网址，即可打开地理信息公共平台。用户可以分层查看矢量地图、影像地图、地名地址、三维地图、全景地图等基础地理信息；在权限许可的情况下，也可以查看平台上共享的其他部门的专题信息；当需要将地理信息与本部门的空间专题信息进行叠加对比时，也可以加载本部门包含坐标信息的专题图层。用户在地图浏览的同时，也可以实现距离量测、信息查询、地图标注、专题统计、空间分析、交互制图、打印输出等业务应用。

4.2.1 地图操作

1. 地图浏览

地图浏览是对地理信息进行观察的最直接、最便捷的方式，用户通过浏览地图可以掌握区域内各地物的类型、分布及地物之间的空间位置关系情况。通常情况下，地理信息公共平台应提供二维或三维地图浏览，操作方法包括地图的漫游、放大、缩小，以及不同地图之间的切换控制等。在实际操作时，用户只需要根据自身需求，选择相应的工具按钮，并配合键盘、鼠标等操作，即可实现对地图的浏览。

2. 空间量算

空间量算可以为用户提供地物自身的量算，以及地物与地物之间距离的快速测算。地理信息公共平台一般提供二维或三维地图上的距离、面积和体积的量算。其中，距离量测可以是两点或任意多个点之间的距离，面积量测可以是任意多个点构成的多边形面积，体积量测通常在三维地图状态下进行，需要用户点击多点构成一个立体物进行量测。

4.2.2 地物查询

1. 属性查询

属性查询，或者称为地物搜索，是根据一定的属性条件来查询满足条件的空间地物的位置和其他属性信息。在地理信息公共平台中，属性查询功能通过输入查询关键字来查找符合查询条件的数据信息，并进行结果显示，如图4.2所示。用户可以单击列表中的地名点图标或名称，将其在地图上进行定位，同时得到该地名点的详细属性信息。

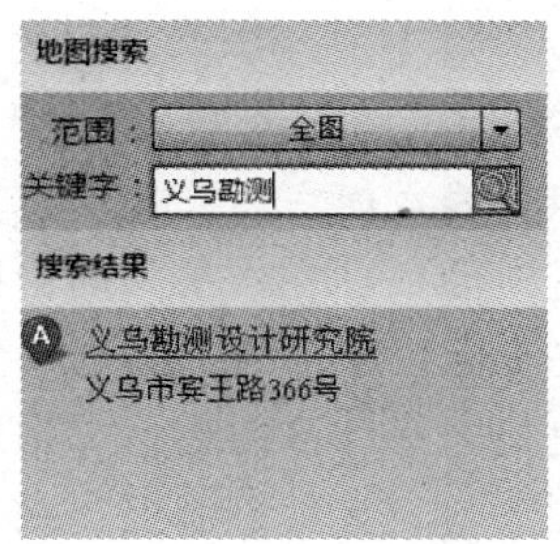

图 4.2　显示搜索结果

2. 空间查询

空间查询是根据地物的空间位置来查询地物的属性信息。在实际操作中，空间查询并非单独依据空间位置来进行信息的检索，而是将空间位置和属性信息两者结合起来进行查询的。在地理信息公共平台中，空间查询就是针对具体的地物图层，并选择某些属性字段条件，采用某些空间范围圈定方式，查找该选定空间范围内符合该字段条件的地物信息。地理信息公共平台根据用户的使用习惯，提供多种查找圈定方式，如矩形查询、圆形查询、多边形查询、点击查询等。查询结果能够列表显示，并能够在地图上高亮显示。

4.2.3　统计分析

统计分析指利用统计学原理和图形图表相结合对空间信息的属性进行分析、鉴别。在地理信息公共平台中，可以通过多种方式划定统计范围（如矩形统计、圆形统计及多边形统计），并对该范围内指定的地物属性字段进行统计，并通过饼状图、柱状图、折线图等多种可视化展示手段进行结果显示。图 4.3 是一个统计分析实例。

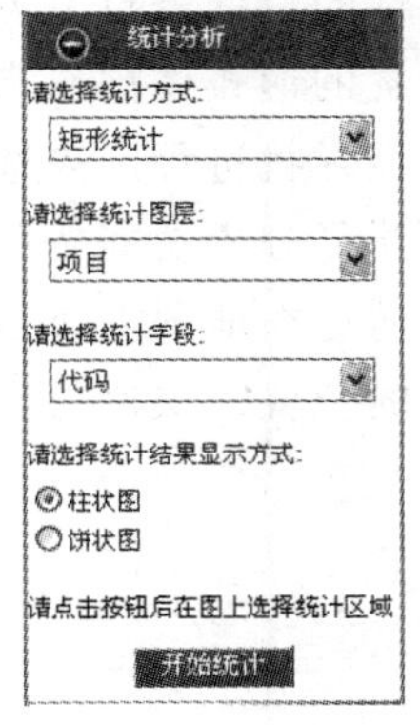

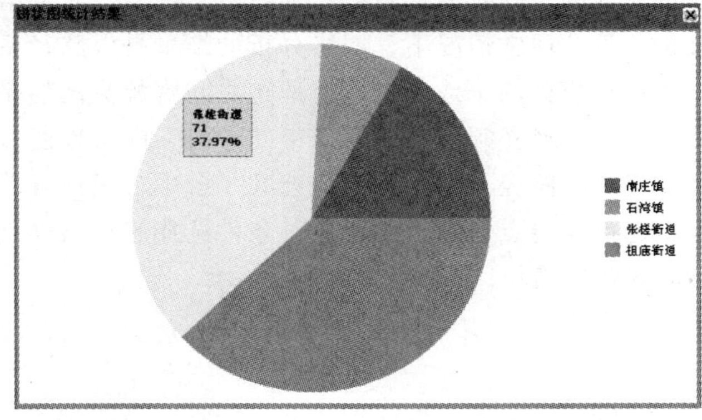

图 4.3　统计分析操作界面

4.2.4 缓冲分析

缓冲分析是根据地物的点、线、面实体，自动建立其周围一定宽度范围内的缓冲区多边形实体，从而实现空间数据在水平方向得以扩展的信息分析方法。进行缓冲分析，首先需要给定一个空间实体或者集合，然后确定其缓冲半径，分析的过程包括了两个环节，一是建立缓冲区图层，二是进行叠加分析。在地理信息公共平台中，用户可以在地图上自定义地绘制点、线、面对象作缓冲区，在绘制缓冲区的前提下，选择符合一定查询条件的分析对象进行缓冲区分析，最终在缓冲区范围内得到满足查询条件的分析结果，如图 4.4 所示。

图 4.4 缓冲分析

4.2.5 路径分析

网络分析是依据网络拓扑关系（如节点与弧段拓扑、弧段连通性等），通过分析网络元素的空间及属性数据，辅以数学模型，对网络性能特征进行多方面研究的分析计算。通常情况下，网络分析的结果是以路径系统的形式体现出来。路径分析是用于模拟两个或两个以上地点之间资源流动的路径寻找过程。当选择了起点、终点和路径必须通过的若干中间点后，就可以通过路径分析功能按照指定的条件寻找最优路径。在地理信息公共平台中，用户可以通过在地图上直接利用鼠标点击起点与终点位置，或者通过条件选择起点与终点的位置，快速得到起点到终点间的最短路径，如图 4.5 所示。

图 4.5　最短路径分析

4.2.6　地图标注及纠错

1. 地图标注

地图标注是将用户自身所涉及的位置信息标注到电子地图上，用于展示个人关注点、轨迹路径或者活动区域，即用户可以使用地图标注制作出自己的专属地图。标注的信息只有该信息标注者有权限进行增、删、改操作。标注信息未公开时，仅标注者能够查看，当标注的信息公开后，登录到平台的用户均可以查看该标注信息。在地理信息公共平台中，地图标注提供点、线、多边形、矩形、圆形等多种标注形状，用户可以在标注对象上加载属性信息，并通过设置标注的形状大小、颜色等来进行标注的区分。地图标注是网络用户参与到系统建设、扩大系统数据容量的一个有效手段。图 4.6 为利用线标注的实例。

2. 地图纠错

地图纠错主要提供对当前地图中错误信息（包括名称、位置等）进行标注与描述，如图 4.7 所示。地图纠错让公众参与到地图的绘制与制作中，提高地图的精准度与可用性。

线标注
名称：
我的标注
描述：
请在此输入描述信息！
状态：
未保存
编辑
保存
删除
建设社区
数据来源：义乌市勘测设计研究院
版权所有(C) 2012 义乌市勘测设计研究院

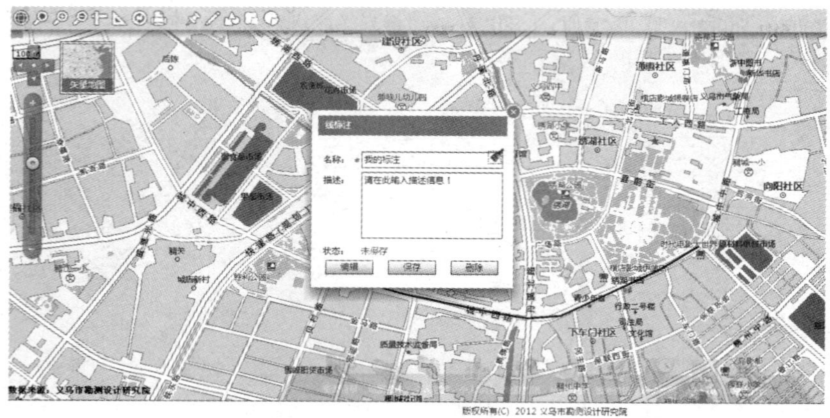

图 4.6　线标注界面

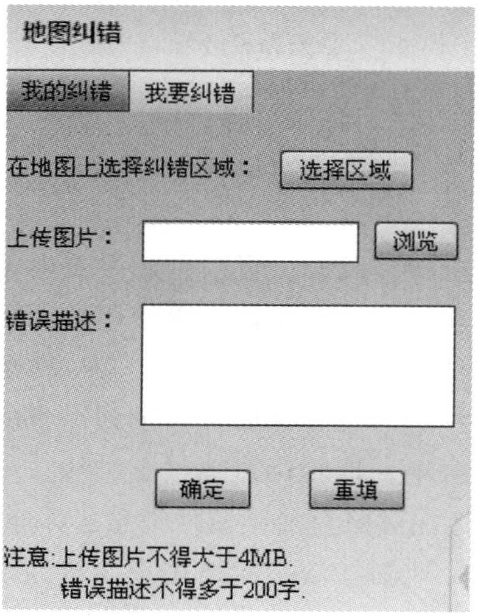

地图纠错
我的纠错
我要纠错
在地图上选择纠错区域：
选择区域
上传图片：
浏览
错误描述：
确定
重填
注意:上传图片不得大于4MB.
错误描述不得多于200字.

图 4.7　地图纠错

4.2.7　地理编码

地理编码是通过对地名或地址信息进行规范化、标准化处理，建立地名或地址与空间坐标之间相互对应的过程。为了将空间信息与非空间信息集成与融合，实现大量统计和表格信息的空间化，就需要建立空间和非空间信息之间的联系，地理编码正是建立这两者之间联系的最重要手段。在地理信息公共平台中，地理编码功能分为单一匹配和批量匹配两个子模块，单一匹配指用户一次仅可以匹配一条地名地址信息。输入待要匹配的地名地址，匹配后的结果包括图标、名称、地址信息，同时在地图上进行定位显示。量匹配是用户通过电子表格、文本等形式同时导入多条地名地址信息进行匹配，匹配后的结果同时在地图上定位显示出来。图 4.8 为单一匹配地址编码服务的实例。

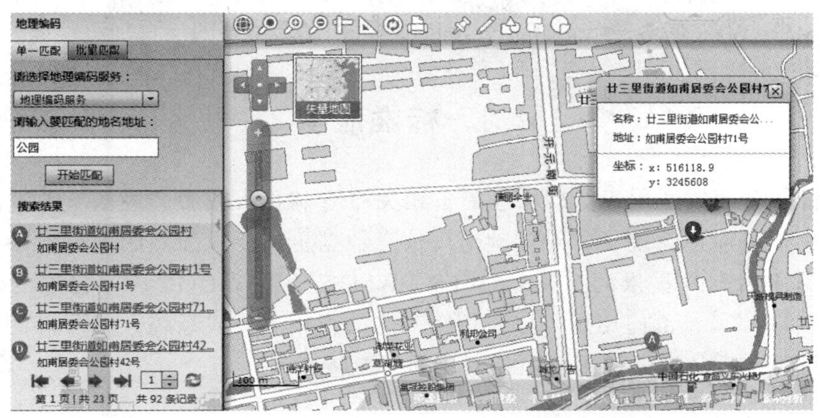

图 4.8　单一匹配地址编码服务结果

4.2.8　信息加载

实际应用中，各类用户最终要实现的不仅是空间信息的查询和分析，更需要的是基于空间位置的专题信息的分析应用。因此，软件应具备加载各种类型、各种格式专题信息的功能。

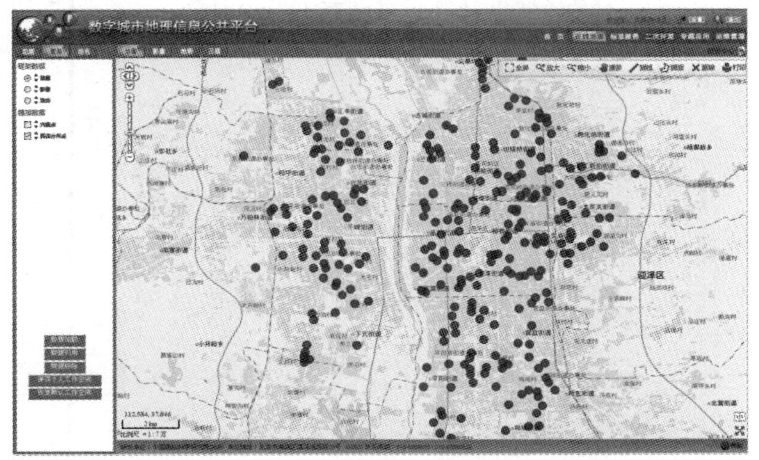

图 4.9　信息加载效果

信息加载可以将各种标准服务、各类专题数据快速地叠加到当前平台上，极大地丰富了公共平台资源。按照信息来源的不同，可以细化为数据加载和服务加载。

其中，数据加载主要针对本部门的数据资源，比如 SHP、MDB 等带有空间坐标信息的格式数据以及处理过的切片数据，都可以通过数据加载的方式添加到当前平台上；服务加载则主要针对当前网络中各种服务资源，包括使用各种软件发布出来的标准 WMS、WFS 服务等等。图 4.9 为通过 WFS 显示结果的信息加载功能实例。

4.3 标准服务

标准服务模式适用于前期已经配备相关 GIS 软件，或者已经基于地理信息数据搭建了业务应用系统，并对基础地理信息数据更新要求强烈的用户。基于地理信息公共平台软件提供的 WMS、WFS、WMTS 等遵循 OGC 国际标准的地理信息服务接口 [24-29]，部门用户可以借用第三方的调用工具或系统开发框架，通过数据源的调整实现从数据调用向服务调用的无缝转变。

4.3.1 服务目录

服务目录以专题分类的方式展现平台的在线服务资源，用户可以按照目录方式检索所需的服务，也可进行多条件的复合查询，在结果列表中，用户可以对服务进行在线预览、查看详细元数据信息、查阅该类服务的使用方法，如果有权限，还可以进行服务的修改和删除；如果服务的访问和使用需要权限认证，用户可以申请或索取。

服务目录列表将所有服务按照类别采用树结构进行组织。在服务目录列表中，用户点击相应的分类子节点即可查看相应分类下的所有服务，如图 4.10 所示。

图 4.10 服务目录

4.3.2　服务注册

用户可以将已经发布好的服务注册到平台共享交换中心，并可对元数据内容和使用权限进行设定，以便与平台其他用户共享服务资源。

服务注册可以通过两种方式实现。第一种方式是通过填写服务地址、服务名称、服务描述等信息（见图 4.11），将注册的服务提交到系统管理员审核后注册，该方式适合对待注册服务的各项参数较为清晰的用户使用。第二种方式是通过服务注册向导进行专业服务注册，该方式提供了顺序提醒方式，适合对参数不是很了解的用户使用。用户可以根据其自身需求，选择合适的方法进行服务注册。

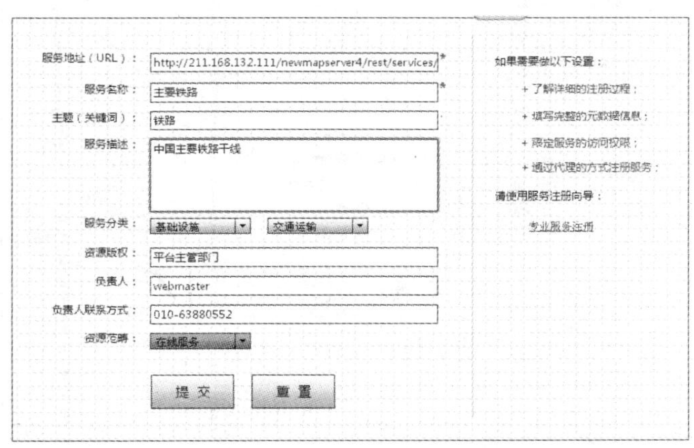

图 4.11　服务注册

4.3.3　服务发布

如果用户希望与其他用户共享自己的数据资源，但又不希望以实体数据的方式提供，则可通过平台的服务代理功能，将自己的数据托管到平台中。在平台中，用户可以先将其发布为在线服务，然后再注册到共享交换中心，这样既保证了数据的安全，又可免去服务管理和维护工作。图 4.12 为服务发布界面。

（1）用户可点击【上传数据】按钮，进入数据上传的界面，点击【选择】按钮，会弹出文件选择对话框，用户可以选择要上传的空间数据（目前只支持 Esri ShapeFile 文件，一个完整的 shp 数据至少包含：*.shp、*.dbf、*.prj 几个文件，如果上传的数据不完整，则会导致数据发布失败）。上传数据过程中若要取消，点击【取消上传】按钮即可。其操作界面如图 4.13 所示。

（2）数据上传后，点击【返回】按钮，返回到服务发布界面（见图 4.12）。在数据选择下拉框中选择已上传的数据。对于不需要的数据，用户可以选中数据后直接删除。对于要发布的数据，选中后，系统将自动显示该数据的服务名称、图层名称、坐标信息和空间范围信息。还可在服务描述框中对该数据服务进行内容和格式等信息的描述。然后，进行类型选择，系统提供了四种发布类型，即 MapServer NewMap 地图服务、FeatureServer NewMap 数据处理服务、WMSServer OGC 地图服务、WFSServer OGC 数据处理服务。最后，点击【发布】按钮，完成服务发布。

图 4.12 服务发布界面

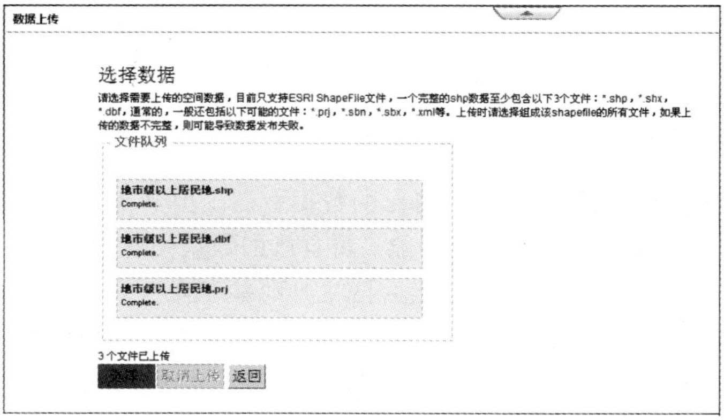

图 4.13 数据上传界面

4.4 零码组装

零码组装模式适用于不具有软件开发能力、又想快速搭建个性化应用系统的用户。应用“智能装配”工具，通过可视化界面进行系统布局、工具按钮、菜单功能、基础和专题数据等的设置，自动封装专题应用系统，并且可以打包下载或自动部署托管在地理信息公共平台的服务器上。

4.4.1　向导式装配

向导式装配提供详细的装配向导，对新建或已有的装配系统的各个环节进行所建即所得的设置和微调，向导过程包括目录设置、基本信息、外观设置、功能设置、底图设置、系统预览六步。

1. 目录设置

进入装配向导，初始化界面就是目录设置。

作为装配向导的起始页，在这里用户首先需要确定智能装配的工程名称，因为只有确定工程名称之后，其余的向导页面才会解锁出现。用户可以创建一个全新的工程名称，然后根据解锁后的向导页提示顺序往下执行；也可以从已经创建的工程列表中选择某个已有的工程名称，再对相关向导页的内容进行修改。

2. 基本信息

提供用户对装配系统界面、布局、描述等的调整和定制。

可以设置托管系统或二级平台的基本界面配置，如标题名称、系统摘要说明、页面上系统采用单一页脚或者多栏页脚，以及地图页面的功能面板布局情况等。

3. 外观设置

一个系统的外观样式最能体现该系统的特点和特色，为了使装配系统改变千篇一律的面貌，就需要提供给用户选择个性化的样式模板。

如图 4.14 所示，使用平台内置的样式模板，每种样式模板提供了包括整体风格、首页背景、标题栏图片、功能图标等在内的各种资源，用户可以自由选择；如果用户希望能使用更有特色、更有针对性的样式，可以按照要求自行制作样式资源，然后上传，经系统管理员审核通过后发布，即可选择使用。

4. 功能设置

平台提供地理信息相关的通用功能，但它不可能也没有必要同时满足各个行业的功能需求。智能装配就是在此前提下为用户快速打造自己行业专题系统或二级平台的利器。各种功能模块的自由选择搭配就是这一利器的重要组成部分。

连接平台的地图应用中心，用户按照实际需求选择现有的各种插件式的地图功能模块。另外，用户还可以利用平台提供的地图模块开发框架定制开发更为深入或专业的专题功能模块，上传到地图应用中心，经管理员审核通过后，可以作为候选资源在装配系统的时候进行选择。

对于需要并已经加载的相应功能，用户可以点击该功能模块，查看功能的相应描述信息，包括功能模块的名称、ID 码、开发者等，如图 4.15 所示。

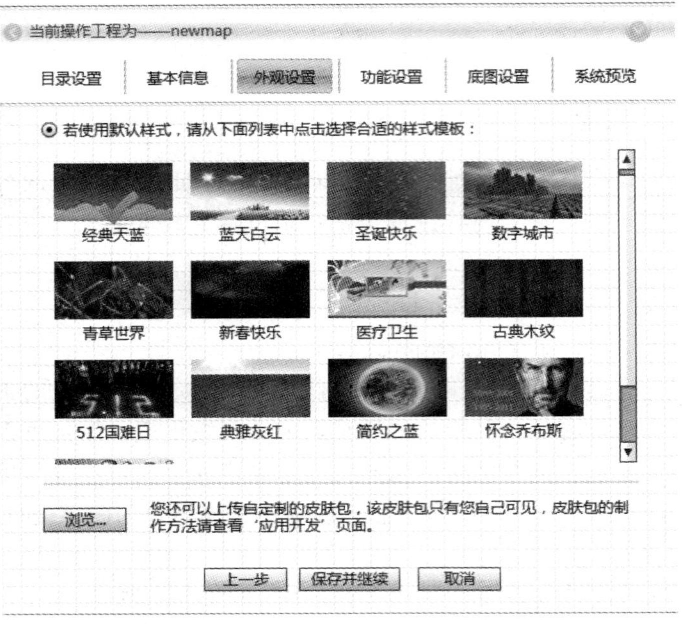

图 4.14　外观设置

图 4.15　查看描述信息

对于不需要的已经加入到右侧平台使用模块列表中的模块，可以通过点击对应图标，在弹出的描述信息面板进行功能删除。

5. 底图设置

作为地理信息的应用系统，最基本的特征就是对地图的操作。平台配套提供了丰富的底图资源供用户使用，但在某些特定的情况下，这些底图并不一定能满足不同行业需求的用户。所以装配系统也将底图资源的设置开放，让每一个装配系统或二级平台都能自行选择符合自身专业需求的底图资源，如图 4.16 所示。

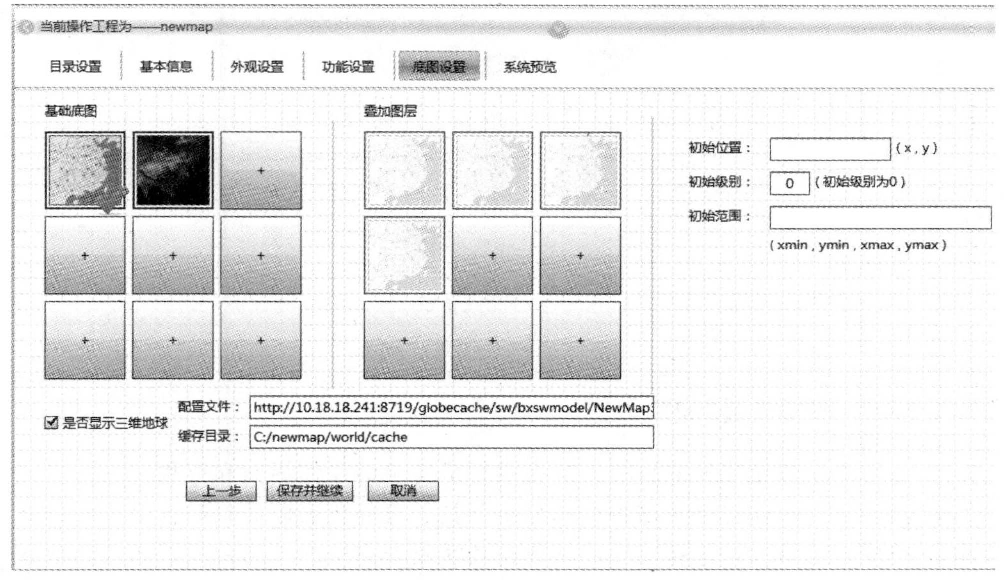

图 4.16　底图设置

通过本模块，用户不仅可以使用平台的地图服务器选择各种地图资源外，也可以按照需求连接到其他可用地图服务器上去寻求需要的资源；此外还可以同时使用来自多个地图服务器的不同资源，来共同满足装配系统的实际需求。

6. 系统预览

每个装配成功的系统，都将在云端获取一块独立的虚拟区域，用于存放该系统的相关数据，而系统预览就是获得指向这块虚拟区域的地址。用户以后使用该装配系统的时候，都需要通过该地址才能访问，该地址伴随着装配系统的全生命周期，一经产生就不能修改。

作为向导的最后一步，系统预览将为每个装配的系统生成唯一的访问地址（见图 4.17），用户可以根据该地址预览（或使用）装配系统的效果；用户也可以在向导进行的过程中，随时手动进入本页面，然后对已操作过的步骤进行预览。

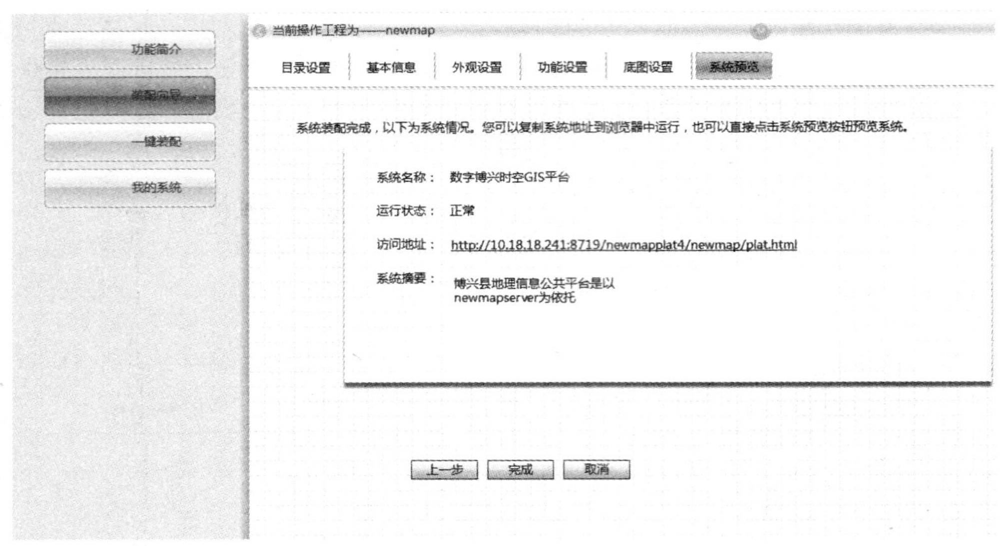

图 4.17 系统预览

4.4.2 “一站式”装配

“一站式”智能装配的目的就是提供尽量简单的操作界面和流程，使用户完成系统的装配。平台提供了多种空间分析工具、可视化页面效果和各个行业领域等相关服务标签供用户选择，在向导式的功能页面指引下，用户只需要简单地选择便可以完成整个托管工作，而且平台能够立即将用户搭建的系统同步展现出来，实现所建即所得的效果。装配过程包括装配选件和系统预览两步。

1. 装配选件

装配选件就是用户挑选各种资源部件来装配应用系统的过程。平台预先将可提供的资源部件分门别类罗列出来供用户挑选，提供的资源部件分类（见图 4.18）主要包括：

（1）行业描述的标签，如基础、国土、规划、公安、公众等；

（2）功能分类的标签，如查询、统计、分析、标绘等；

（3）数据资源的标签，如矢量、影像、地势、三维等；

（4）样式皮肤的标签，如经典、清新、典雅、随机等；

（5）综合打包的标签，如套餐一、套餐二等。

如果现有资源部件不能满足用户的特性要求，用户也可以自行填写所需要的系统特征的关键词，系统会将这些用户自定义的关键词记录下来，自动扩充系统的资源部件标签。

2. 系统预览

对装配选件生成的系统进行预览时，显示经过装配选件生成的系统名称、运行状态描述以及经过格式化的唯一系统访问地址，并在系统说明中显示该系统的工程名，如图 4.19 所示。点击界面上访问地址的超级链接，可以在新窗口中对装配生成的系统进行预览。

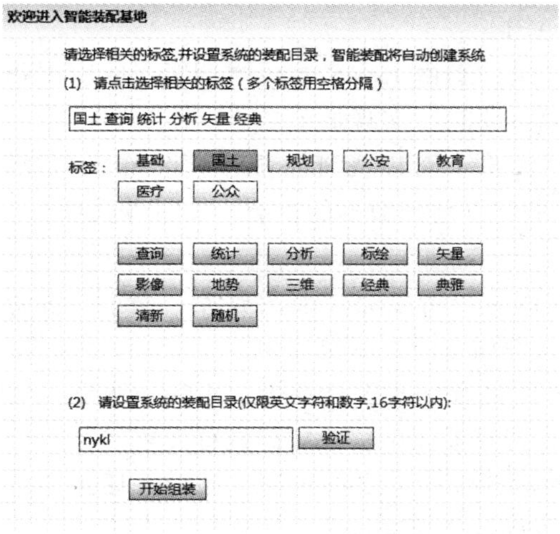

图 4.18　智能装配

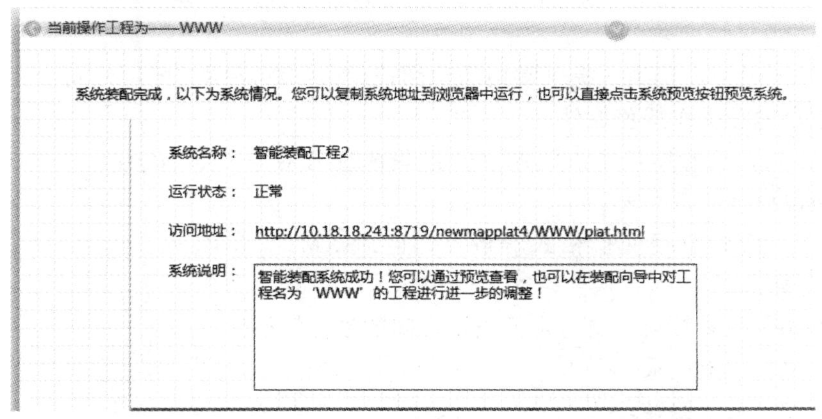

图 4.19　系统预览

4.5　二次开发

二次开发模式适用于应用需求相对复杂、对地理信息应用较为深入、具有程序开发能力的部门。地理信息公共平台根据二维地图应用，提供 JavaScript API、Flex API 等二次开发函数库；针对三维地图应用，提供支持 C/S 和 B/S 模式的二次开发接口；针对移动地图应用，分别提供支持 Android 和 iOS 操作系统的二次开发接口。用户可根据需求进行开发定制，实现系统搭建。

4.5.1 二维地图开发接口

1.JavaScript API

JavaScript API 是一套由 JavaScript 语言编写的应用程序二次开发接口，应用开发人员可借助这些接口，实现如下功能。

（1）空间数据集成。可以无缝集成平台发布的网络地图数据，支持符合 OGC 地图服务标准的网络地图数据的加载，支持谷歌地图、雅虎地图等在线地图数据的调用。

（2）地图数据浏览。可以完成地图放大、缩小、漫游、历史视图、按位置定位以及底图图层及叠加图层的图层控制。

（3）空间数据信息查询。支持点击、矩形、圆形、任意多边形等多种方式的空间信息查询，支持在地图中按关键词进行搜索定位。

（4）空间数据信息统计。支持矩形、圆形、任意多边形等多种方式的空间信息的统计，支持按行政区划进行信息统计。

（5）空间分析。支持缓冲分析、叠加分析、拓扑关系判断和网络分析等。

（6）地图操作工具集。提供常用的地图操作工具，如缩放、查询、统计、标注、打印等。

（7）地图控件集。提供常用的地图控件，如缩略图、图层控制、比例尺等，内置平台地图操作特色控件。

（8）灵活的控件扩展机制。通过集成现有对象（如 NControl、NTool）可以方便快捷地实现扩充。

（9）内置数据交换格式解析器。包括 XML、JSION、GeoJSON、GML、KML 等格式。

（10）投影转换。支持常见投影之间的坐标转换。

（11）公交换乘。

（12）最短路径。

（13）地址匹配。

2.Flex API

Flex API 是一套基于 Flash/Flex 技术编写的应用程序二次开发接口，应用开发人员可借助这些接口，实现如下功能。

（1）空间数据集成。可以无缝集成平台发布的网络地图数据，支持符合 OGC 地图服务标准的网络地图数据的加载。

（2）地图数据浏览。可以完成地图放大、缩小、漫游、历史视图、按位置定位以及底图图层及叠加图层的图层控制。

（3）空间数据信息查询。支持点击、矩形、圆形、任意多边形等多种方式的空间信息查询，支持在地图中按关键词进行搜索定位。

（4）空间数据信息统计。支持矩形、圆形、任意多边形等多种方式的空间信息的统计，支持按行政区划进行信息统计。

（5）空间分析。支持缓冲区分析、叠加分析、拓扑关系判断和网络分析等。

（6）地图操作工具集。提供常用的地图操作工具，如缩放、查询、距离（面积）量测、统计、标注、打印等。

（7）地图控件集。提供常用的地图控件，如缩略图、图层控制、比例尺等，内置平台地图操作特色控件。

（8）灵活的控件扩展机制。通过集成现有对象（如 NControl、NTool）可以方便快捷地实现扩充。

（9）内置数据交换格式解析器。包括 XML、JSION、GeoJSON、GML、KML 等格式。

（10）投影转换。支持常见投影之间的坐标转换。

4.5.2 三维地图开发接口

随着计算机图形学、三维仿真技术和虚拟现实技术的发展，三维地图逐渐成为一种重要的地理信息展现形式。三维地图可以为用户提供直观的地理实景，使用户有一种身临其境的感觉，受到用户的欢迎。与此同时，三维地图由于其可以进行空间环境的立体查看、测量和分析，一些对空间地物分析要求较高部门也对专题三维地理信息系统有着强烈的应用需求。为此，面向三维的地图和地理信息系统的开发日益增多。

在地理信息公共平台中，为了方便用户进行三维地图的二次开发，需要提供面向三维地图开发的开发接口。通常情况下，三维地图二次开发接口应包含工具集、符号、要素、地图标注、地图容器、插件、控件、脚本接口等三维对象，涉及多源数据的加载、高级分析功能、灵活的查询、丰富的标注、高级特效显示、示例代码、二三维一体化等多个方面的三维操作功能。三维地图二次开发接口要适应多种开发环境、开发语言和开发模式，如 C++、C#、Java、VC、VB、JavaScript，以便能够最大程度地满足用户对三维地图二次开发的需求。

4.5.3 移动地图开发接口

当前，智能手机、平板电脑等移动设备越来越普及。对于测绘地理信息行业，由于存在大量的野外信息采集、野外执法普查等移动化的空间信息应用，因此，面向移动的地理信息应用开发也逐渐增多。

移动设备的突出特点是小巧、轻便，可以随身携带，但是其存储计算能力有限。因此，对于移动开发接口的提供，地理信息公共平台可以采用两种模式：网页开发模式和本地应用开发模式。

针对浏览器的网页开发模式需要对 Chrome、FireFox、IE、Safari、Opera 等大多数浏览器地图开发提供支持，在完成普通应用开发接口功能基础之上，需要更加注重开发接口的易用性和稳定性，同时也需要对手机浏览器操作模式提供相关接口支持，使地图操作更流畅，开发更敏捷。

针对移动终端的本地应用开发模式可以使用 PhoneGap 开发框架，来构建跨平台的移动端本地应用程序。PhoneGap 使开发者能够利用 iPhone、Android、Windows8 等系统的智能手机核心功能——包括地理定位、指南针、加速器、联系人、文件夹、图片、声音和振动等。

4.6 内嵌调用

内嵌调用模式适用于现有系统工作流程比较稳定、近期急需地理信息辅助的应用部门。在不改动现有系统的情况下，通过地理信息公共平台提供的地图适配插件和地名适配插件，用户可以在系统中实现对地理信息服务的在线使用。

4.6.1 地图适配插件

针对商业化图形图像软件，内嵌调用衔接地理信息服务的地图适配插件。成功安装地图适配插件后，将自动在上述软件中增加地图显示插件，自动实现对地理信息公共平台中地图服务的加载。以 ArcGIS 软件为例，效果如图 4.20 所示。

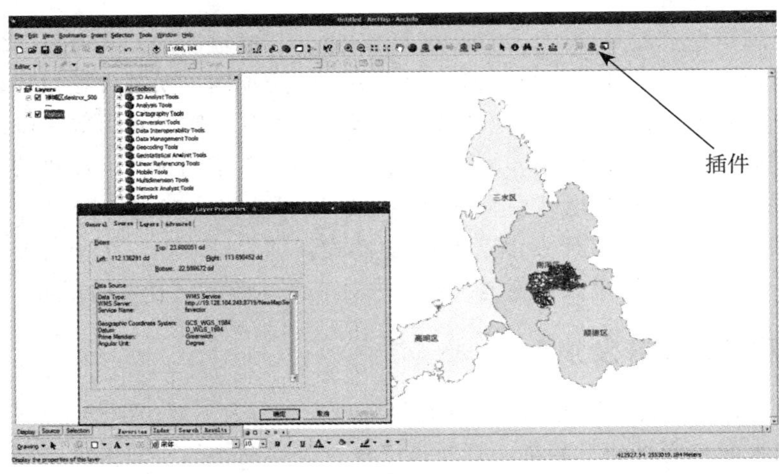

图 4.20 在 ArcGIS 软件中使用地图适配插件的效果

4.6.2 地名适配插件

地名适配插件可以实现从文字描述地名到地图表达的快速转换。安装地名适配插件后，可在任何页面和软件中选择地名，通过高效的分词算法和地理编码，经过在地名地址词典中查询，转化为匹配记录在地图中对应的位置，快速调取到对应区域的地图，供用户查询、浏览及辅助决策之用。无论是网页、文档、报表，还是软件程序、办公系统，都能够自动拾取地名调取相应地图。本插件尤其适用于部门已建有成熟的办公自动化系统但缺乏地理信息系统直接支撑的情况，可以在不改动原有系统的情况下，在原有系统中方便快捷地查看相关地图以辅助业务。

4.7 核心装备——以 NewMap PLAT 为例

为实现平台数据生产到服务发布，本书作者及其带领的科研团队研究编制了数字城市地理信息公共平台建设服务系列规范，提出了从平台数据、服务发布到应用支撑的技术要求，按照地理信息公共平台的要求，研发了地理信息公共平台软件 NewMap PLAT，实现在线调用、标准服务、零码组装、二次开发和内嵌调用等五种应用模式，为各种专题应用提供了统一的地理信息在线支撑。

地理信息公共平台软件Newmap PLAT具备了地图操作、空间查询、属性查询、空间统计、空间分析、三维显示、地图标注以及专题数据加载等公共性应用功能，同时提供了标准服务、开发接口、专题系统定制等扩展功能，实现了网络地理信息服务资源的展现以及应用功能和服务接口的提供。用户既可以直接通过该系统实现部门专题数据的空间分布化，进一步通过标准的应用分析功能满足应用，也可以通过服务开发接口扩展和丰富自身应用系统的功能。

（1）在线调用中，NewMap PLAT 除了包含地理信息公共平台所必需的功能外，还增加了多时项数据历史比对、协同办公、多节点扩展等功能，普通用户可以直接利用 NewMap PLAT 提供的功能按钮获取所需的地理信息服务。图 4.21 为 NewMap PLAT 在线调用模式示意图。

（2）标准服务中，NewMap PLAT 提供了一个资源中心，平台中包含的基础地理信息服务以及各个专业部门集成来的服务，通过资源中心展示给用户，并引导用户使用服务资源。此外，用户也可以通过资源中心，方便查询、注册、下载所需要的服务信息，打造个性化的服务资源。 图 4.22 为 NewMap PLAT 标准服务模式示意图。

图 4.21 NewMap PLAT 在线调用模式

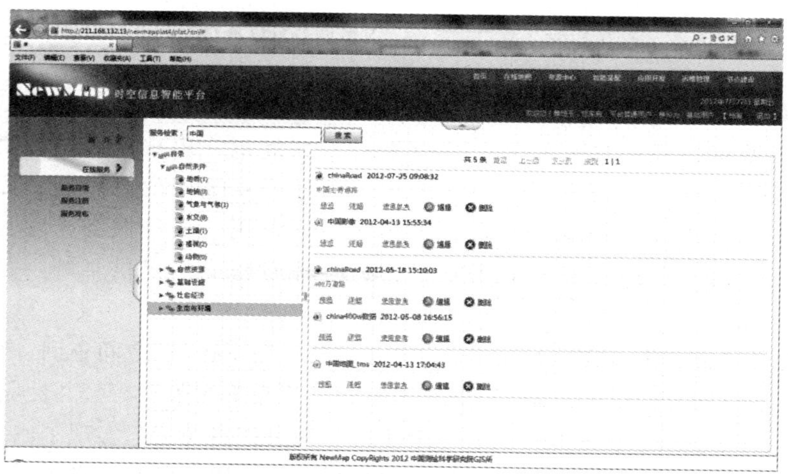

图 4.22 NewMap PLAT 标准服务模式

（3）零码组装中，NewMap PLAT 采用了多用户、多任务方式运行方式，支持直接基于平台搭建专业应用系统，提供在线托管服务。此外，对于装配环节，用户只需要输入几个关键词，NewMap PLAT 通过知识处理，即可智能分析用户的功能需求、数据需求，并从后台库中筛选出最符合该种类型系统的布局和风格。图 4.23 为 NewMap PLAT 零码组装模式示意图。

（4）二次开发中，NewMap PLAT 提供了 NGeometry、NVectorLayer、NSymbol 等 249 类 2805 个 AjaxAPI, NPointFeature、NProjTrans 和 NWMTSLayer 等 197 类 2424 个 FlexAPI, NProjection、NMap、NControl 等 46 类 407 个 MobileAPI, SetLayerVisibility、GetEditLayerInfo、SetShadowDate 等 32 类 4860 个三维 GlobeAPI。除了丰富的二次开发接口外，NewMap PLAT 还提供了每个开发接口的详细参数说明，以及利用这些接口开发常见功能的示例代码，方便用户使用。图 4.24 为 NewMap PLAT 移动版二次开发模式示意图。

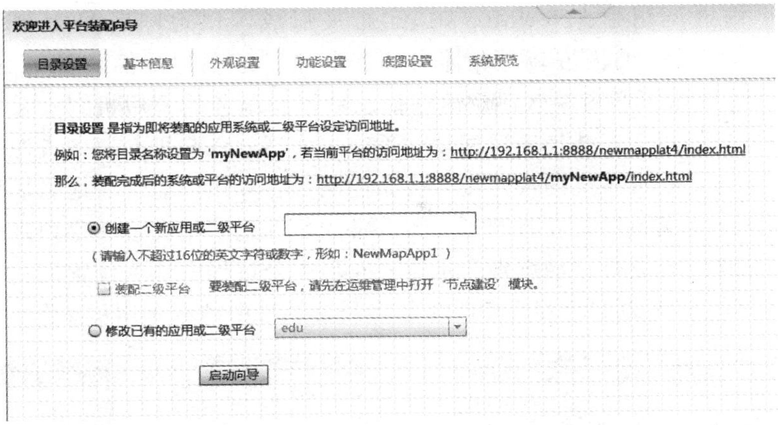

欢迎进入平台装配向导

目录设置 | 基本信息 | 外观设置 | 功能设置 | 底图设置 | 系统预览

目录设置 是指为即将装配的应用系统或二级平台设定访问地址。

例如：您将目录名称设置为 '**myNewApp**'，若当前平台的访问地址为：http://192.168.1.1:8888/newmapplat4/index.html

那么，装配完成后的系统或平台的访问地址为：http://192.168.1.1:8888/newmapplat4/**myNewApp**/index.html

◉ 创建一个新应用或二级平台

（请输入不超过16位的英文字符或数字，形如：NewMapApp1 ）

☐ 装配二级平台　要装配二级平台，请先在运维管理中打开 '节点建设' 模块。

○ 修改已有的应用或二级平台　edu

启动向导

图 4.23　NewMap PLAT 零码组装模式

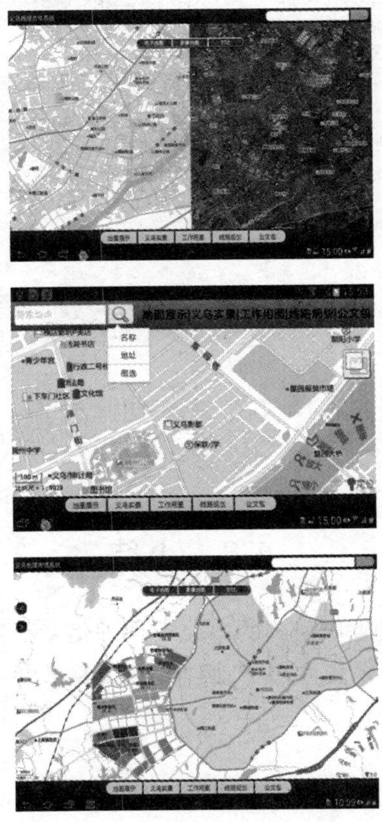

图 4.24　NewMap PLAT 移动版二次开发模式

（5）内嵌调用中，NewMap PLAT 扩展形成了以地图适配插件和地名适配插件为应用模式的内嵌调用技术体系。其中，地图适配插件针对 ArcGIS、AutoCAD 等商业图形图像软件对地理信息数据及服务的调用机制，采用后端绑定方式开发适配器，安装地图适配插件后，可实现软件与平台服务资源的无缝衔接，有效支持了现有系统的快速接入，全面满足各界用户需求。地名适配插件针对办公软件文字编辑器、互联网浏览器等常用软件，采用屏幕文字识别的方式对文字中的地理信息进行自动识别与定位，实现办公过程中地名位置信息的有效定位与核实。图 4.25 为 NewMap PLAT 地名适配插件的内嵌调用示意图。

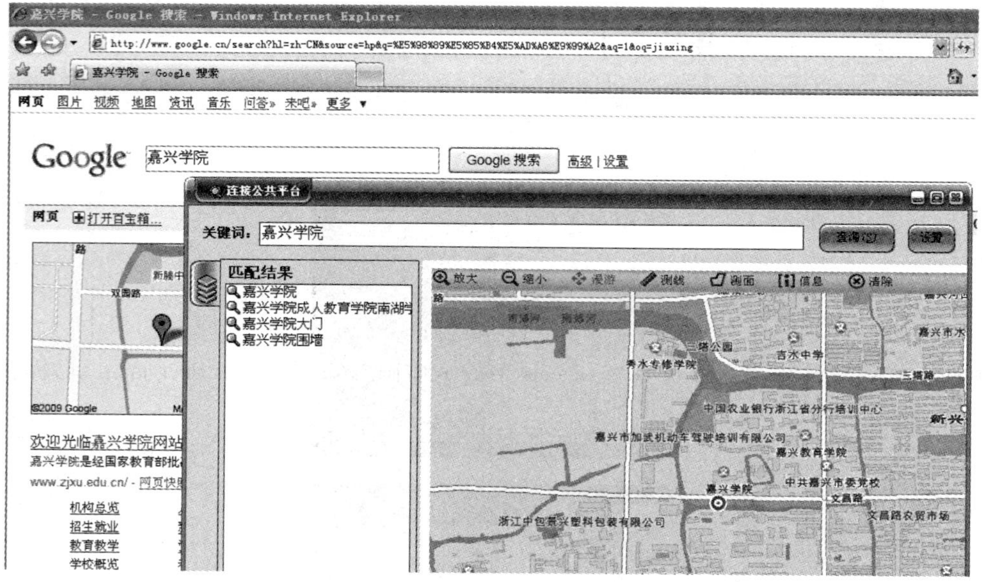

图 4.25 NewMap PLAT 内嵌调用模式（地名适配）

4.8 小结

地理信息服务与在线应用模式的集成即地理信息公共平台，本章详细介绍了平台的五种应用模式，并系统介绍了地理信息公共平台软件 NewMap PLAT 的构成与功能。

第5章 平台同步更新技术体系

现势性是平台持续服务的生命力所在。地理信息公共平台不仅要满足各行业对基础地理信息数据种类和内容的要求，也要满足用户对数据现势性的要求，以保证平台向用户提供的数据服务丰富、准确、及时和可靠。数据更新始于变化发现，历经变化获取、数据库更新及平台数据一致性更新等过程。本章将其总结提炼为同步更新技术体系。

5.1 技术体系架构

地理信息是客观现实世界的数字化抽象表达，人类在数字世界中开展规划、设计、预测、模拟、推演，以便更好地指导实践，这就要求二元世界高度一致，数字世界要准确、及时反映现实世界中的变化。地理信息公共平台数据是一类十分重要的地理信息，是各专业部门在数字世界中进行空间精打细算的科学依据，因此，平台数据须保持高度现势性。基于以下原则，平台设计实现了同步更新的技术体系。

（1）及时性原则。要做到地理信息公共平台数据更新及时。首先应知道变化、发现变化，然后才能通过各种测绘手段获取变化信息，进行后续更新。若发现不及时，很难保证其现势性，难以满足各行各业对基础地理信息的需求。

（2）准确性原则。获取变化地理信息时，精度应高于或不低于原有地理信息精度，若在叠加匹配时出现问题，要以现有地理信息的内容和精度为依据进行修改。

（3）一致性原则。在整个数据更新过程中，既有野外或遥感手段获取的原始变化信息，又涉及基础数据库相应的内容，更关乎面向服务的平台数据，一旦发现变化进行更新时，要保证涉及变化的所有环节都得到相应修改，保持一致。

平台数据的同步更新涉及数据采集、加工和管理多个环节，最后还与平台瓦片保持一致。本书作者及其带领的科研团队基于自主研发的核心底层，采用C/S结构开发了数据更新管理工具包，实现平台同步更新技术体系（见图5.1）。根据数据更新的先后顺序，该技术体系分为两部分，一是基础数据的同步更新，二是平台数据的联动更新。

（1）基础地理信息数据同步更新。用户是地理信息数据的使用者，也是地理信息变化的发现者，当用户一旦发现地理信息变化，如房屋拆迁、小区扩建、马路改造等，依托公众和政务平台，告知运维管理部门。经确认后，首先直接提

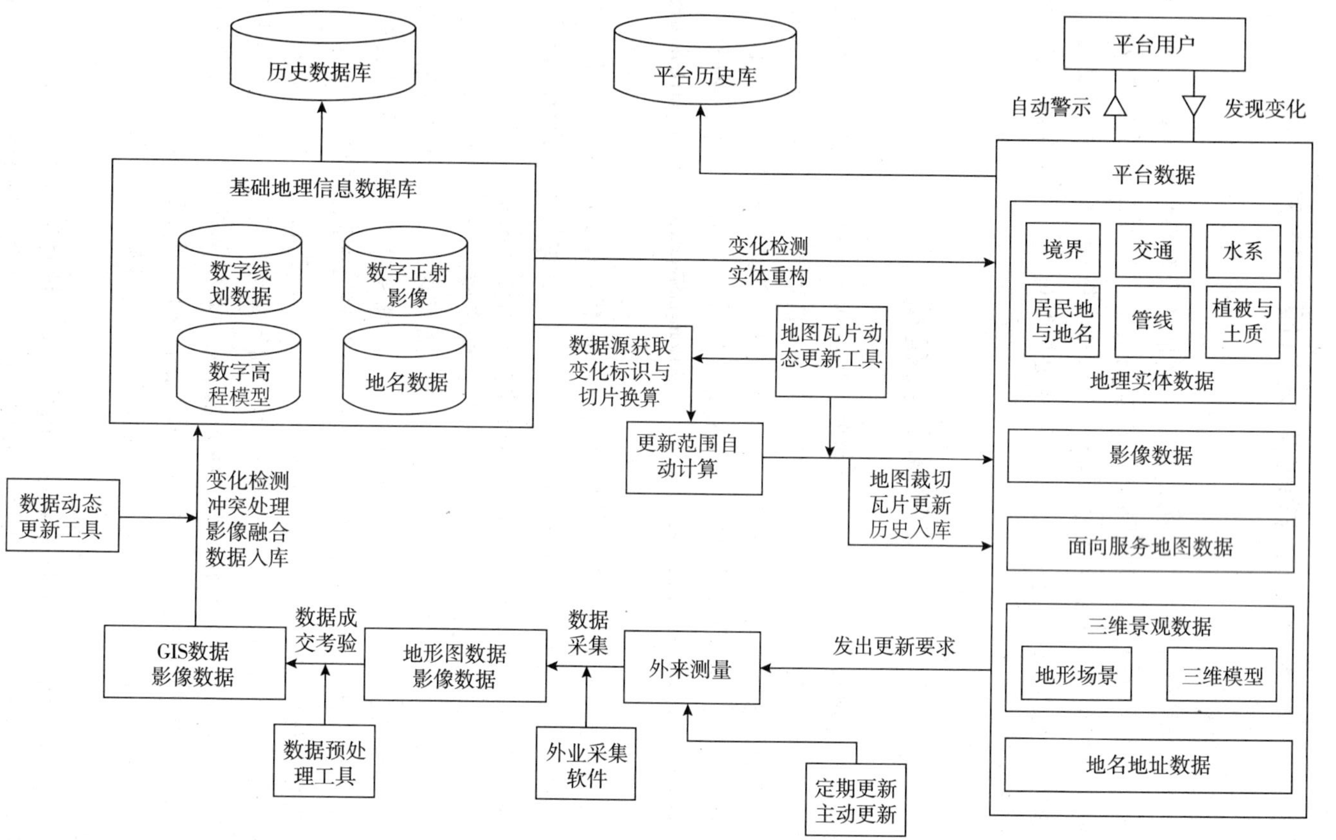

图 5.1 平台同步更新技术体系

取数据库数据，并将数据交换到采集工具上，然后指派专业队伍采用专业工具与手段进行数据修测。修测返回的数据进行加工时，只对识别出的变化信息进行加工，包括新增、修改、删除等，并只将变化信息输出入库。变化信息与数据库数据运算生成新版数据，更新区域的原始数据进入历史库。上述技术环节通过相关工具实现了基础地理信息数据从数据采集到数据加工，再到数据管理环节的数据转换传递的一体化流程，可以有效减少数据生产中的重复工作，高效率、高质量地实现数据的修测和数据库数据的更新。

（2）平台数据联动更新。数据库数据的更新涉及的平台地理实体数据相应得到更新，同时利用平台数据更新工具包，自动检测变化更新范围，实现基于局部区域的地图数据裁切，生成新的地图瓦片数据，原有瓦片数据进入历史库，实现数据更新与服务更新的同步。当服务更新完成后，平台自动警示并告知相关用户做好专题数据与地理信息数据关联关系的重建与更新。

5.2　矢量数据同步更新技术

矢量数据的同步更新主要分为数据预处理、数据更新、数据入库管理等流程。具体流程如图 5.2 所示。首先对采集的变化数据进行数据质量的检查和编辑，使之成为符合更新要求的标准变化数据。然后，从数据库中提取变更范围内的数据，在临时库中实现变化信息检测、数据替换更新、边界要素接边、空间冲突检测与处理等操作。最后，把变化数据写入现势库，把被删除或修改的数据写入历史库。

主要更新流程具体如下。

（1）数据准备。首先根据外业采集系统发送过来的数据源名称，从现势库中查找对应的底图数据。然后将底图数据和更新数据源分别复制一份存入中间库。

（2）变化信息标识。根据外业标识或是匹配发现的变化情况确定更新涉及的数据对象。建立新增对象队列和删除对象队列，将增量信息按照变化类别加入两个队列。

（3）打上时间戳。为便于历史数据的管理，在所有数据对象的属性信息中新增创建时间和更新时间两个字段，其中创建时间记录该对象加入到数据库中的时刻，更新时间记录最近一次的更新时刻。

（4）建立历史数据版本之间的关联。为方便基于对象的历史数据回溯，需要在不同版本的历史数据之间、现势数据与历史数据之间建立关联。所以，还要再增加历史数据字段，记录该对象对应的历史数据编号。

（5）实现数据替换和检查。完成变化信息到两个队列的提取以后，将删除对象队列中的对象在原图中删除，但仍保留在删除队列中。将新增对象添加进现势数据。然后对现势数据进行冲突检测和拓扑检查，如果发生冲突后须将调整后的数据情况重新写入新增队列。

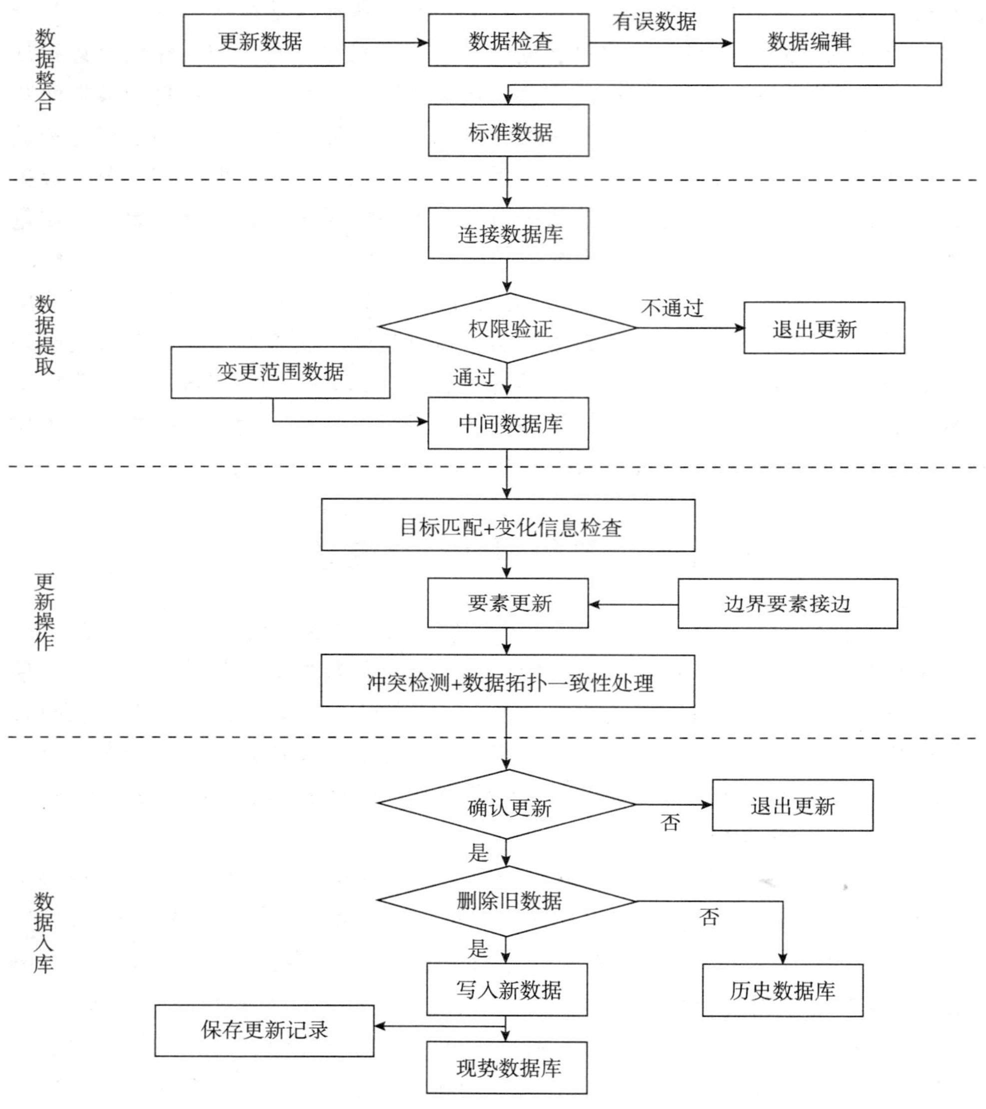

图 5.2 矢量数据同步更新技术流程

（6）建立增量信息包。待现势数据更新完成后，建立增量数据包，根据更新时间、图幅标号、任务编号对本次更新出现的增量信息进行存储，在存储过程中，单纯的新增对象直接记录，历史数据字段为空。而修改对象只记录修改后的内容，并保留其历史数据字段内容，增量信息包完成后，将修改对象的标识符发送给现势库中的相应对象，修改其历史数据字段，完成不同时相历史数据基于对象层次的关联。最后再将增量信息包送入历史库存储。

（7）完成历史库更新。将增量信息包发送给历史库，完成历史库的更新。

5.2.1　数据规整

外业采集的数据由于人工操作多、数据输入操作不严谨等原因，一般可能存在地物编码、地形图分层不规范，地物要素分错层，拓扑存在错误等问题。为了提高数据的转换效率与质量，需先对外业数据进行规范整理，只有符合技术规程及相关作业标准的数据才能正确进行入库操作。数据规整步骤主要包括地物编码、拓扑检查与属性编辑等，其规整流程如图 5.3 所示。

在完成数据的规整之后，进行 CAD 数据面向 GIS 数据的转换，如图 5.4 所示。

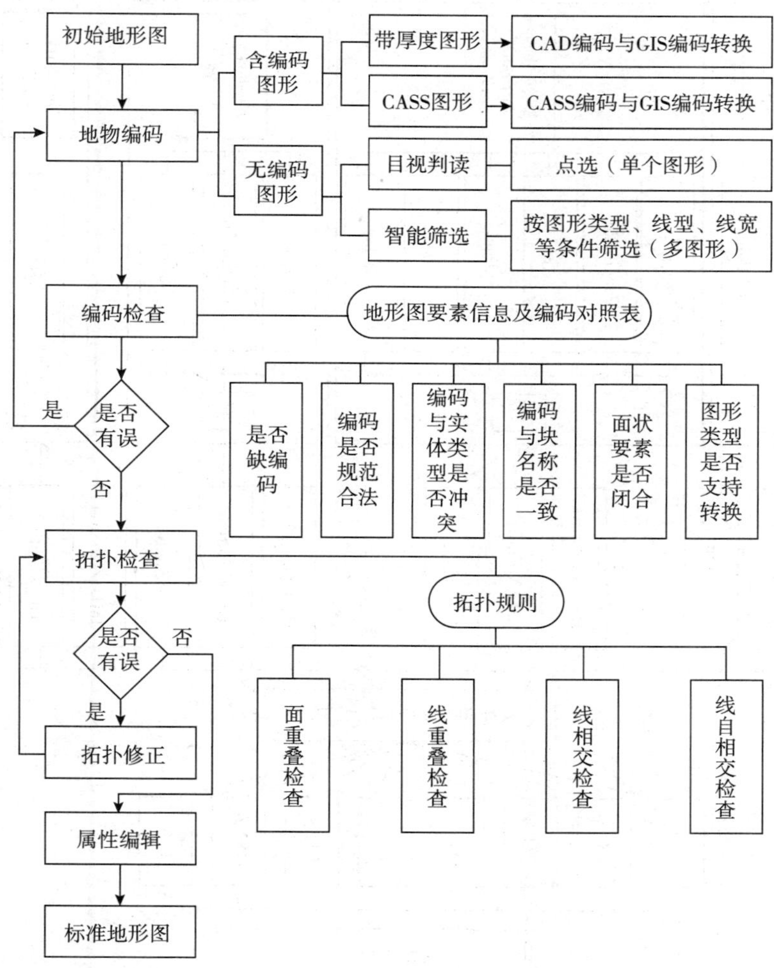

图 5.3　数据规整技术流程

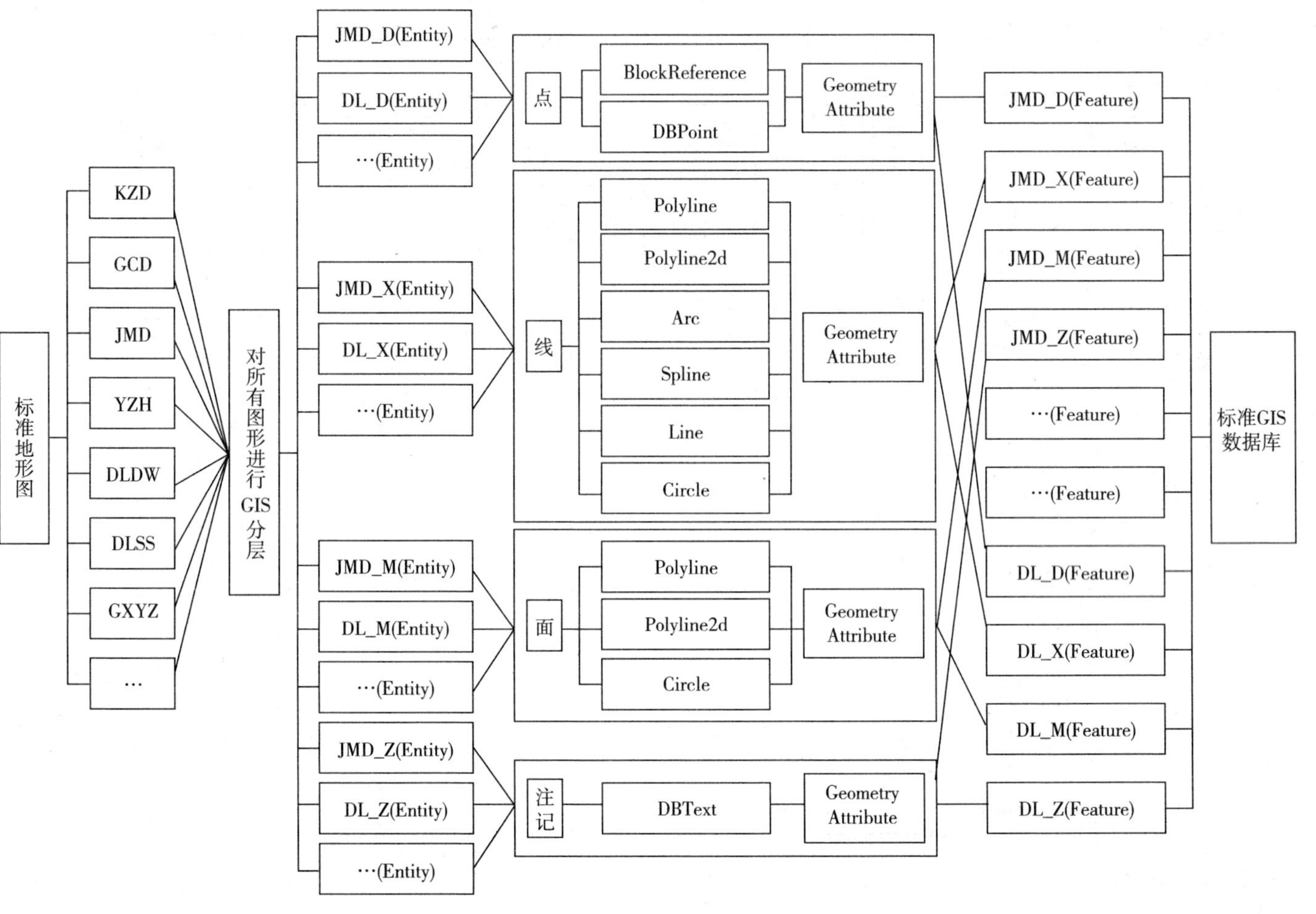

标准地形图
KZD
GCD
JMD
YZH
DLDW
DLSS
GXYZ
…
对所有图形进行GIS分层
JMD_D(Entity)
DL_D(Entity)
…(Entity)
JMD_X(Entity)
DL_X(Entity)
…(Entity)
JMD_M(Entity)
DL_M(Entity)
…(Entity)
JMD_Z(Entity)
DL_Z(Entity)
…(Entity)
点
BlockReference
DBPoint
Geometry Attribute
线
Polyline
Polyline2d
Arc
Spline
Line
Circle
Geometry Attribute
面
Polyline
Polyline2d
Circle
Geometry Attribute
注记
DBText
Geometry Attribute
JMD_D(Feature)
JMD_X(Feature)
JMD_M(Feature)
JMD_Z(Feature)
…(Feature)
…(Feature)
DL_D(Feature)
DL_X(Feature)
DL_M(Feature)
DL_Z(Feature)
标准GIS数据库

图 5.4 数据转换对照

主要步骤如下。

（1）通过空间数据库，制定完整分层要求，建立各个专题的点、线、面注记图层，并根据图层的属性要求添加相应的属性字段。

（2）将标准 CAD 地形图中的所有实体依据存储的编码，按照 GIS 分层要求进行分类，然后按类别对实体逐类进行转换，并存储到对应的 GIS 图层中，直至全部类别实体转换完成。在转换过程中，根据该类实体所要转为 GIS 中的不同几何类型图层，选用相应的点、线、面注记转换模型进行转换，转换内容包括地物实体的图形信息和属性信息。

5.2.2　空间对象变化检测与更新

1. 变化信息检测

通过新旧数据间的实体匹配处理，检测空间对象的变化信息，再根据变化信息的分类采取不同的更新操作（见图 5.5）。具体步骤如下。

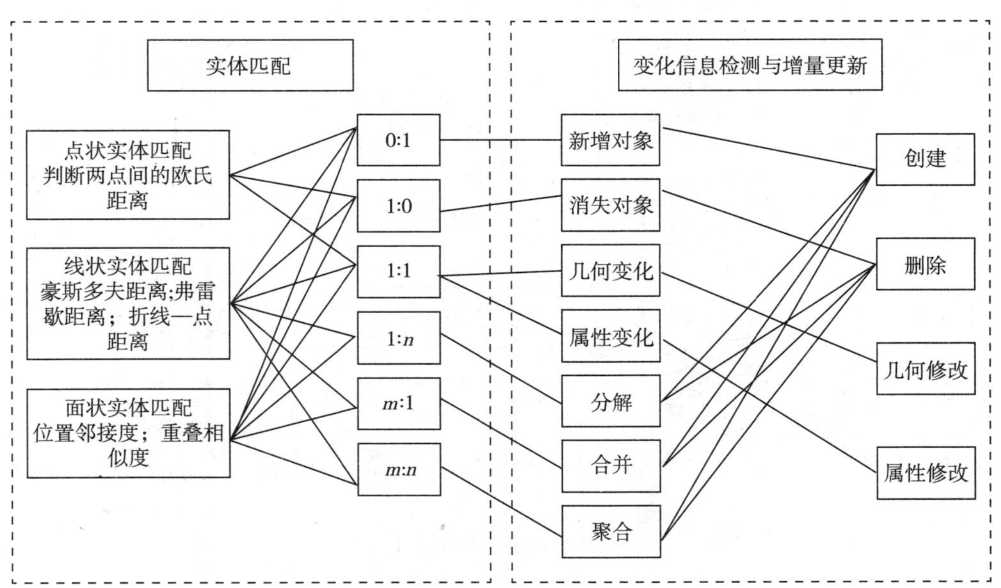

图 5.5　矢量数据变化信息检测与增量更新方法

（1）同名实体的匹配。点状实体的匹配通过比较两者的欧氏距离进行判断；线状实体的匹配可通过计算豪斯多夫（Hausdorff）距离，弗雷歇（Fréchet）距离或折线—点距离实现；面状实体的匹配可以通过位置邻接度或重叠相似度确定。

（2）更新信息的检测。如果没有原对象与目标对象匹配，则认为目标对象是新增对象。没有目标对象与原对象匹配，认为原对象是消失对象。对于 1:1 的对象匹配需要进一步比较几何形状与属性信息，判断是否发生变化。原对象与目标对象发生 1:n 的匹配表明原对象的分解，m:1 的匹配则表示原对象的合并，m:n 的对象匹配表示出现了对象的聚合。

（3）面向对象的增量更新方法。对象的更新操作可分为创建、删除、几何修改与属性修改。对于新增或消失的对象可直接使用创建或删除操作；对于发生几何形状或属性变化的对象，则进行几何修改或属性修改。处理对象合并、分解及聚合的情况，均可采用删除原对象，创建与之匹配的目标对象的处理方法。

针对数据更新中变化信息的自动提取问题，采用基于神经网络决策树的变化信息快速识别方法（见图 5.6）。设计基于四叉树的变化信息层次检测算法，通过比较对象的节点—弧段特征快速定位到变化区域。以新旧要素的匹配特征为依据，通过神经网络决策树实现变化信息的识别，兼顾了决策树效率高和神经网络的自适应处理的特征。

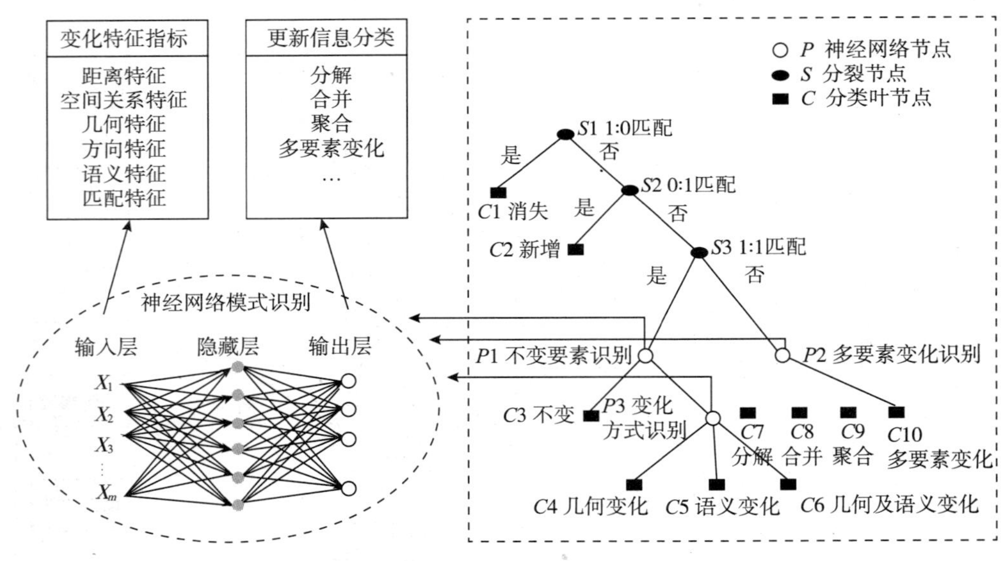

图 5.6 变化信息快速识别方案

变化信息识别技术流程如图 5.7 所示，实现方法为：①通过数据叠加，选取新旧对象组合作为训练样本；②计算样本数据的变化特征指标；③把指标作为输入层，更新分类信息作为输出层，进行神经网络训练，获取模型的阈值与权重矩阵；④通过对全体数据的叠加操作获取更新对象组合，并进行指标计算；⑤把数据的变化特征指标作为输入量，使用第③步中建立的神经网络模型进行模式判别，获取变化信息的分类结果。

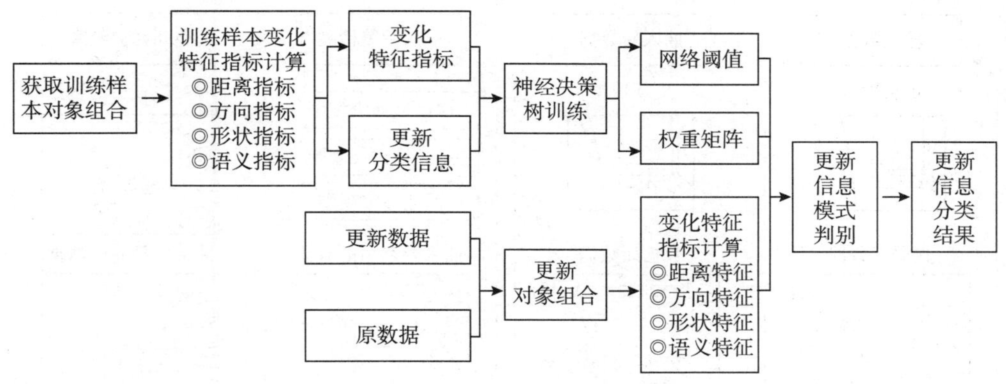

图 5.7　变化信息识别技术流程

2. 基于范围的矢量数据更新

对于修测的更新数据，可以对整个图幅或任意区域进行整体的替换。根据更新数据确定变化的范围，并从原数据库中挖空某一区域的数据，再把更新数据填充至该区域。更新后可能会出现要素分割的情况，因此需要再进行接边处理，以保证数据的完整性。具体技术流程如图 5.8 所示。

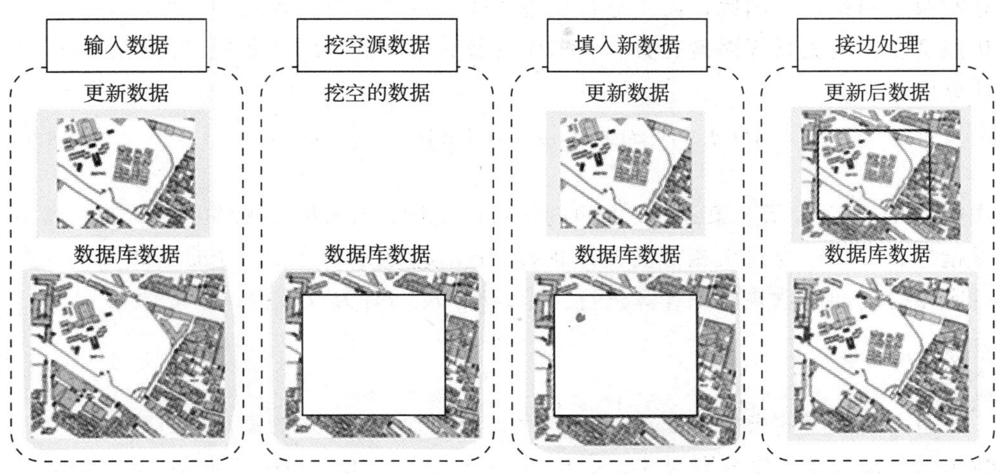

图 5.8　基于范围的矢量数据更新技术流程

3. 基于对象的矢量数据更新

把采集回来的新对象直接插入至原数据库中，并提前设置好规则进行空间冲突检测，检测出发生空间冲突的对象，然后再进行空间冲突处理。具体技术流程如图 5.9 所示。

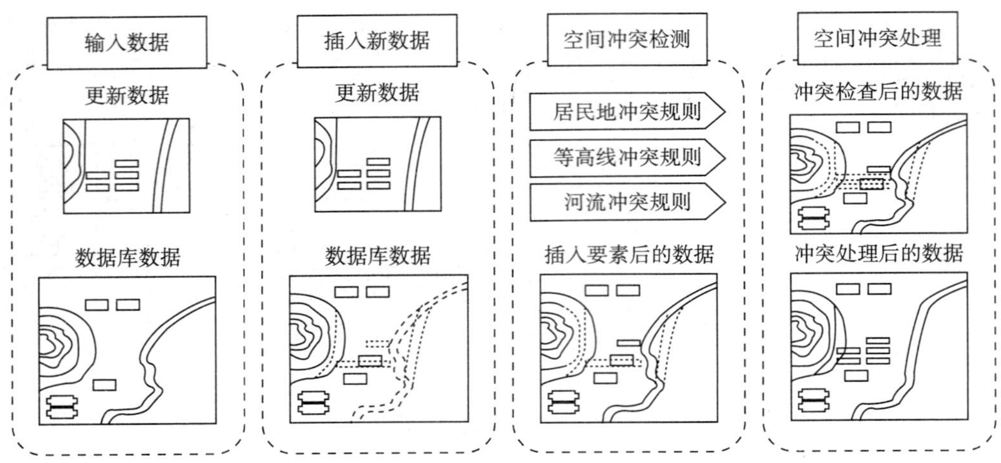

图 5.9 基于对象的矢量数据更新技术流程

5.2.3 空间对象自适应接边

1. 接边匹配度计算模型

空间数据的增量更新可能会引入时空的不确定性，造成同一地理目标实体的分割及空间错位。因此，需要进行接边操作。接边对象的确定与空间距离，语义相似度及空间关系等因素有关。本书作者及其带领的科研团队提出的接边匹配度计算模型为

$$M(A,B)=d(A,B)\omega_1+s(A,B)\omega_2+r(A,B)\omega_3 \tag{5.1}$$

式中：$M(A,B)$ 表示对象 A、B 之间的接边匹配度；$d(A,B)$ 是对象 A、B 的距离衡量指标；$s(A,B)$ 为语义相似度衡量指标；$r(A,B)$ 表示对象 A、B 的空间关系，通过实体的缓冲区重叠面积计算进行衡量；ω_1, ω_2, ω_3 为权重值，其取值在 [0,1]，且 $\sum_{j=1}^{3}\omega_j=1$。

距离邻接度的指标 $d(A,B)$ 的值越大，说明对象 A、B 的距离越近，接边可能性越大。设对象点集分别为 $A_{\text{pts}}=\{a_1,\cdots,a_p\}$, $B_{\text{pts}}=\{b_1,\cdots,b_q\}$, 则 $d(A,B)$ 的值为

$$d(A,B)=\begin{cases}0 & ,\ \min(|A_{\text{pts}}-B_{\text{pts}}|)\geqslant d_{\text{tolerance}}\\ 1-\dfrac{\min(|A_{\text{pts}}-B_{\text{pts}}|)}{d_{\text{tolerance}}}, & \min(|A_{\text{pts}}-B_{\text{pts}}|)<d_{\text{tolerance}}\end{cases} \tag{5.2}$$

式中：$|A_{\text{pts}}-B_{\text{pts}}|$ 是点集 A_{pts} 与点集 B_{pts} 的欧氏距离；min( ) 函数是点集中最近两

点的距离；$d_{\text{tolerance}}$ 为距离阈值，若最近距离大于阈值，说明对象 A、B 之间的距离太远，超出了接边的考虑范围。

$s(A,B)$ 为对象的语义相似度。语义相似越高，说明两对象是同一地理实体分割的可能性越高，接边的必要性更大。根据 Cobb 提出的对象属性匹配算法，语义相似度评价模型为

$$s\left(A,B\right)=\frac{\sum_{K=1}^{N}[simA_K(A,B)ESW_{A_K}]}{N} \tag{5.3}$$

式中，N 为属性数目，$simA_K$ 是第 K 项属性值的相似程度，ESW_{A_K} 为第 K 项属性的权重。

属性类型不同，计算语义相似度的方法也有所差异。

对于数值型的属性，语义相似度可按如下公式计算

$$sim\left(x,y\right)=1-\frac{\left\||x|-|y|\right\|}{\max(|x|,|y|)} \tag{5.4}$$

式中：x, y 为接边对象的数值型；$sim(x,y)$ 值反映了数值型属性的语义相似度。

对于字符型属性的语义相似性的计算可分为两种情况。定类或定序属性按照语义排成偏序关系，通过计算次序的差别计算语义相似度。对于语义关联性属性不强的属性，则通过计算字符串之间的编辑距离（由字符串 A 编辑为字符串 B 所需要进行的最小操作次数）判断两者的语义相似性，具体公式为

$$sim\left(x,y\right)=\begin{cases}1-\dfrac{|order(x)-order(y)|}{N} & \text{定类或定序型字符型属性}\\[2ex] 1-\dfrac{|Edit(x,y)|}{\max(len(x),len(y))} & \text{无语义关联的字符型属性}\end{cases} \tag{5.5}$$

式中：$order(x)$, $order(y)$ 表示 x, y 在属性中的次序编号；N 为属性值个数，对应于分类数或属性值的最大编号；$\max(len(x),len(y))$ 用于在 x 和 y 之间选择最大的距离。$Edit(\ )$ 表示编辑距离。

$r(A, B)$ 反映了 A、B 之间的空间关系，通过对象的缓冲区重叠面积计算进行衡量。计算方法为

$$r\left(A,B\right)=\frac{Intersect(buffer(A),buffer(B))}{\max(buffer(A),buffer(B))} \tag{5.6}$$

式中：$buffer(A)$, $buffer(B)$ 表示对象 A、B 的缓冲区面积，$Intersect(\ )$ 函数计算重叠的面积，$\max(\ )$ 函数用于选择较大的缓冲区面积。

2. 自适应接边算法

目前的接边算法通过搜索邻近要素和比较属性来确定接边对象，容错能力不强，难以处理属性不完整的数据，而且判断的因素单一，容易造成匹配错误。传统的接边处理直接采用 Union 方法进行对象合并，对数据特征的考虑不充分，缺乏灵活性。

自适应处理是根据数据特征自动调整处理方法、参数或约束条件，以取得最优效果的方法。在全球地形可视化、全球离散格网建模、制图表达等 GIS 领域得到了广泛应用。本书作者及其带领的科研团队提出的接边方法综合多项评价指标，能更客观地反映对象特征，有助于提高准确度与容错能力。该方法的自适应性体现在：系统根据数据的精度特征，自动调整对象位移、选择合适的接边方法，使其与高精度的数据相适应。具体实现步骤如下。

（1）进行更新对象周边区域的缓冲区搜索，确定候选接边对象。线对象在首尾节点处创建缓冲区，进行候选对象的搜索；面对象则按一定距离创建缓冲区并搜索相交对象，作为候选接边对象。

（2）进行候选对象的接边匹配度计算，选取匹配度最高的对象进行接边操作。

（3）接边操作需根据对象的几何类型进行相应处理。

线对象的优先接边策略（见图 5.10）是通过比较新对象与原对象的精度，接边到精度较高的对象。如果对象间的精度相差不大，则可选用平均接边法。

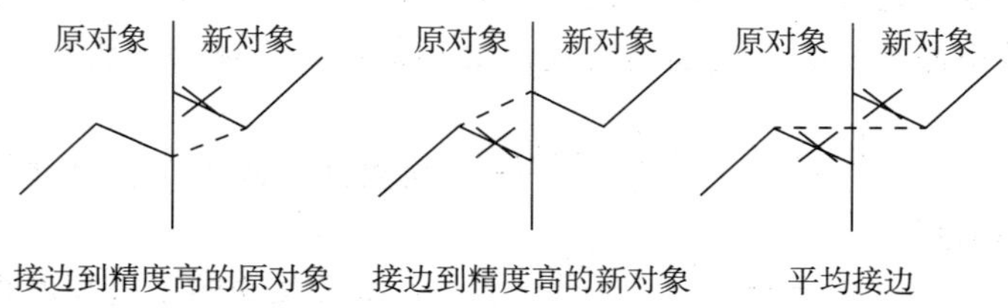

图 5.10 线对象优先接边策略

面对象优先接边策略首先根据数据的精度选择平移的方式，精度低的对象平移至精度高的要素，精度接近的对象则让新旧对象分别平移坐标偏移量的一半。以房屋面对象接边为例（见图 5.11）：假设房屋面是具有 4 个节点的规则矩形，更新后房屋被分为两个独立对象。比较邻近节点 P_1、P_3 或 P_2、P_4 的坐标，计算出坐标偏移量。由于对象精度相近，因此把节点分别平移坐标偏移量的一半。最后利用 P_1'、P_2'、P_3'、P_4' 四个节点来重画一个多边形。

（4）属性融合。接边后对象的属性融合有三种方式：一是以原始对象的属性作为接边后对象的属性；二是以更新对象的属性作为接边后对象的属性；三是通过数值计算的方法获取接边后对象的属性，如数值平均、求和等。

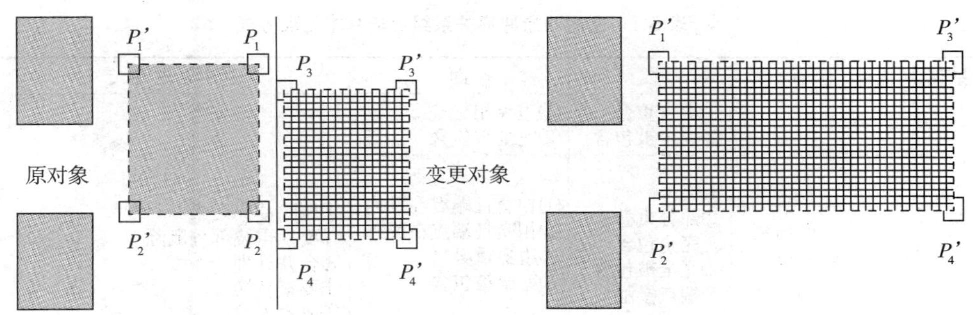

图 5.11　面对象优先接边策略

5.2.4　空间冲突的处理

数据更新可能会带来不符合完整性约束的空间关系，不能正确表达现实地理实体的结构特征。因此，更新后需要进行空间冲突的检测与处理。空间冲突的检测可以通过定义约束规则来实现。本书以 HakimaKadri-Dahmani 提出的空间实体完整性约束表达式为基础，修改了约束对象类的表达方法，并添加了属性约束规则与重要性指标。以 6 元组的方式表达约束规则：

$$Spatial\ \ Conflict\ \ Constrain = \{ID,\ C1,\ C2,\ TR,\ AR,\ Bd,\ I\} \tag{5.7}$$

式中，*ID* 是空间冲突约束的编号，*C*1、*C*2 为受约束的空间对象类，*TR* 表示拓扑约束规则，*AR* 表示属性约束规则，*Bd* 表示规则的执行范围，*I* 是该规则的重要性，取值为 0~1。

空间冲突的检测方法是按照空间冲突约束规则，使用顾及语义的拓扑检验方法构建约束条件进行目标搜索。空间冲突的处理则是利用空间编辑功能对冲突对象进行处理（见表 5.1）。反复检验直至消除所有冲突后，才进行历史库备份与现势库更新处理，完成更新的全过程。

表 5.1 空间对象冲突关系组合与基本处理方式

<table>
<tr><th>数据类型</th><th>点</th><th>线</th><th>面</th><th>基本处理方式</th></tr>
<tr><td>点</td><td>相邻</td><td>①端点重合
②完全被包含</td><td>①边界相交
②完全被包含</td><td rowspan="3">①删除冲突要素
②要素重叠部分删除
③合并处理
④要素替换
⑤要素平移
⑥拓扑修正(如交叉线交点打断)</td></tr>
<tr><td>线</td><td>①边界相交
②完全包含</td><td>①交叉
②部分重叠
③完全包含
④完全被包含
⑤端点接触</td><td>①相交且端点在面内
②相交且端点在面外
③边界重叠
④完全被包含</td></tr>
<tr><td>面</td><td>①边界相交
②完全包含</td><td>①内部相交
②边界相交
③完全包含</td><td>①部分重合
②边界重合
③完全包含
④完全被包含</td></tr>
</table>

5.3 影像数据同步更新技术

研究直接采用基于图幅的影像数据同步更新技术（见图 5.12），在解决影像变化范围的基础上，引进影像镶嵌的理论方法，对原始影像和新影像进行镶嵌处理，降低影像更新的条件和成本。

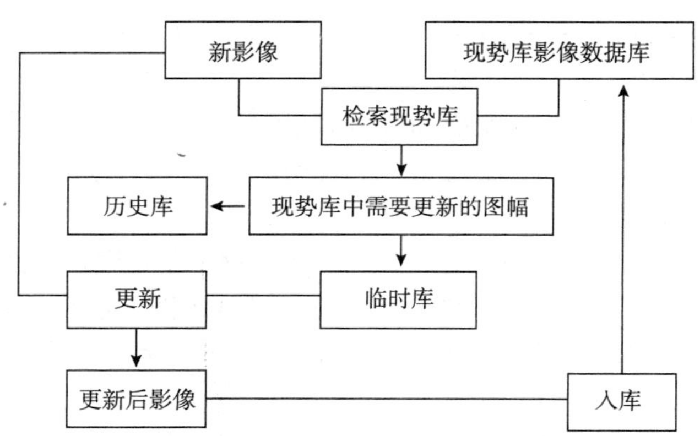

图 5.12 影像数据同步更新技术流程

然而，不同时相的影像数据在色调、纹理乃至地物内容上都发生了变化，造成同一地区不同时相的图像色调不统一和纹理不连续，致使它们在彼此镶嵌融合时，出现色调不匹配以及存在明显的拼接缝。本书对原始影像和新影像做了色彩均衡化处理，对于镶嵌边缘存在的像元突变效应进行了基于卷积和距离加权的图像平滑融合处理。

5.3.1　基于图幅的更新影像检索

在输入新影像的前提下，基于图幅的方式能快速简捷地找到数据库中需要更新的图幅。该方法相比于影像的自动变化检测方法，具有实现简单、快速等优点，而相比于一般的通过坐标运算定位更新范围的方法则更加方便、准确。为了实现基于图幅的数据更新，需要在数据库中按影像分幅方式建立数据格网索引图（即接图表），即按地形图分幅规则建立覆盖整个建库范围的索引格网。索引图在数据库中存储为一个面要素类，每个面要素对应索引格网的一个单元，即每个面要素对应着一个图幅。索引图作为一个面要素类，对应一张属性表，应在入库时将图幅的相应属性存入属性表中。图幅序号记录了图幅的次序，可以以行或列的方式排列所有图幅的次序，图幅序号是唯一的，每个图幅对应一个图幅序号。图号字段存储对应图幅的图号字段。

根据新影像的范围，检索出影像数据库中发生变化的图幅，即与新影像范围有重叠的图幅。根据新影像文件像素坐标左上角坐标和右下角坐标换算出实际的地理坐标。通用图像格式存储的遥感影像数据，一般带有坐标信息文件。利用信息文件中的坐标信息，进行像素坐标与实际地理坐标的转换。如果新影像坐标信息文件与原影像坐标信息文件具有不同的空间坐标信息，可以通过以下坐标转换方法获得：①在新影像和原始影像内分别找到三个以上相同的控制点，计算坐标转换的参数；②提取出图像坐标定位系数，计算出新的坐标定位系数与几何重采样的图像坐标转换公式；③根据重采样函数对图像进行重采样，得到重采样后的图像；④将新的坐标定位系数输出到坐标信息文件中，完成影像的坐标转换。

像素坐标与地理坐标转换公式为

$$\left.\begin{aligned} x_1&=Ax+By+C \\ y_1&=Dx+Ey+F \end{aligned}\right\} \tag{5.8}$$

式中：x 是像素所在列数；y 是像素所在行数；x_1 为像素对应的地理东坐标；y 为地理北坐标；A 是 x 方向的比例参数；E 是 y 方向的比例参数（为负值）；B 和 D 为旋转参数，分别代表像素因旋转在东和北方向的距离偏移值，一般为 0；C 和 F 是影像左上角像素的地理坐标。

根据上式将影像由像素坐标转换为地理空间坐标，得到新影像左上角地理坐标 P_1 (x_1, y_1)、右下角 P_2 (x_2, y_2)，原影像的左上角坐标为 (x_0, y_0)，图幅的宽为 R_x，高为 R_y，且 $R_x=R_y=R_0$，则通过以下步骤计算变化区域（见图 5.13）的左上角 P_3 和右下角坐标 P_4。

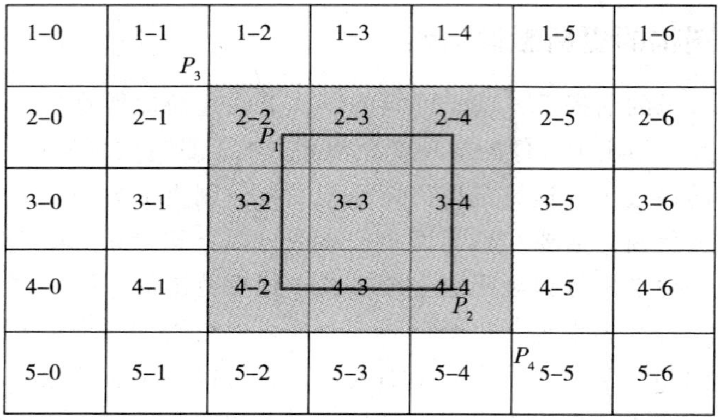

1–0	1–1 P_3	1–2	1–3	1–4	1–5	1–6
2–0	2–1	2–2 P_1	2–3	2–4	2–5	2–6
3–0	3–1	3–2	3–3	3–4	3–5	3–6
4–0	4–1	4–2	4–3	4–4 P_2	4–5	4–6
5–0	5–1	5–2	5–3	5–4	P_4 5–5	5–6

图 5.13　更新数据图幅检索

（1）依据式（5.9）、式（5.10）计算得到变化区域左上角和右下角所对应的 2-2 的分幅号行列坐标 $(W_{2\text{-}2},H_{2\text{-}2})$、4-4 的分幅号行列坐标 $(W_{4\text{-}4},H_{4\text{-}4})$，公式为

$$\left.\begin{aligned} W_{2-2} &= \mathrm{INT}\left(\frac{x_1 - x_0}{R_0}\right)+1 \\ H_{2-2} &= \mathrm{INT}\left(\frac{y_0 - y_1}{R_0}\right)+1 \end{aligned}\right\} \tag{5.9}$$

$$\left.\begin{aligned} W_{4-4} &= \mathrm{INT}\left(\frac{x_2 - x_0}{\mathrm{R}_0}\right)+1 \\ H_{4-4} &= \mathrm{INT}\left(\frac{y_0 - y_2}{\mathrm{R}_0}\right)+1 \end{aligned}\right\} \tag{5.10}$$

（2）依据式（5.11）、式 (5.12) 计算得到变化区域的左上角 P_3 (x_{P_3},y_{P_3}) 和右下角 P_4 (x_{P_4},y_{P_4}) 坐标。公式为

$$\left.\begin{aligned} x_{P_3} &= W_{2-2}\times R_0 + x_0 \\ y_{P_3} &= y_0 - H_{2-2}\times R_0 \end{aligned}\right\} \tag{5.11}$$

$$\left.\begin{aligned} x_{P_4} &= W_{4-4}\times R_0 + x_0 \\ y_{P_4} &= y_0 - H_{4-4}\times R_0 \end{aligned}\right\} \tag{5.12}$$

5.3.2　确定更新变化范围

如图 5.14 所示，设给定新影像的左上角坐标 $P_1(x_1, y_1)$、右下角坐标 $P_2(x_2, y_2)$。每一个需要更新的分幅图的左上角坐标（x_{lt}, y_{lt}），右下角坐标（x_{rb}, y_{rb}），根据如下公式计算获得每个分幅的变化区域左上角坐标（x_{lt}, y_{lt}）和右下角坐标（x_{rb}, y_{rb}）。

（1）每个分幅的变化区域左上角坐标计算公式为

$$x_{lt} = f(x_{lt}, x_1) = \begin{cases} x_{lt}, & x_{lt} > x_1 \\ x_1, & x_{lt} \leqslant x_1 \end{cases} \tag{5.13}$$

$$y_{lt} = f(y_{lt}, y_1) = \begin{cases} y_1, & y_{lt} \geqslant y_1 \\ y_{lt}, & y_{lt} < y_1 \end{cases} \tag{5.14}$$

（2）每个分幅的变化区域右下角坐标计算公式为

$$x_{rb} = f(x_{rb}, x_2) = \begin{cases} x_2, & x_{rb} \geqslant x_2 \\ x_{rb}, & x_{rb} < x_2 \end{cases} \tag{5.15}$$

$$y_{rb} = f(y_{rb}, y_2) = \begin{cases} y_2, & y_{rb} \leqslant y_2 \\ y_{rb}, & y_{rb} > y_2 \end{cases} \tag{5.16}$$

根据上述公式可以判断出每个图幅的变化区域。

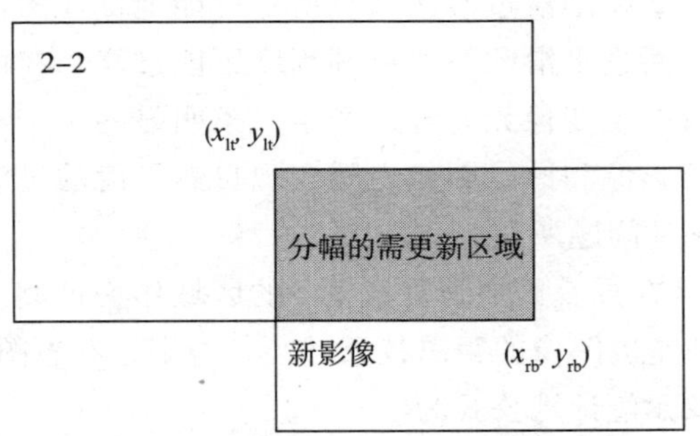

图 5.14　图像更新变化范围检索

5.3.3　不同时相影像数据色彩均衡化处理

遥感图像色彩均衡化处理的关键是解决遥感图像图幅之间的色彩一致性问题，即消除特定区域范围内不同影像之间在色调、亮度等方面存在的不同程度的差异，从而保证新遥感影像在更新后，不会出现人眼可分辨的图幅边界和色彩差异。

本书以信息熵映射的方法对其中的一幅影像进行信息熵的转换，使新影像和被检索的影像之间存在的色调差异趋于一致。假设被检索影像的最大、最小灰度值和信息熵分别为 g_{1_max}、g_{1_min} 和 H_1，新影像的最大、最小灰度值和信息熵分别为 g_{2_max}、g_{2_min} 和 H_2。原始影像和新影像中的第 i 灰度级的百分率分别为 $P_1(i)$、$P_2(i)$，则信息熵计算公式为

$$\left.\begin{aligned} H_1 &= -\sum_{g_{1\_min}}^{g_{1\_max}} p_1(i)\log_2 p_1(i) \\ H_2 &= -\sum_{g_{2\_min}}^{g_{2\_max}} p_2(i)\log_2 p_2(i) \end{aligned}\right\} \tag{5.17}$$

以原始影像为参考，对新影像进行映射，则映射的计算公式为

$$g'_2(i,j) = \frac{H_1}{H_2}(g_2(i,j) - g_{2\_min}) + g_{1\_min} \tag{5.18}$$

式中：$g'_2(i,j)$ 为映射后的结果；$g_2(i,j)$ 是新影像像素 (i,j) 的灰度值。

这种处理方式的计算量较小，运算速度快。

5.3.4 影像融合及接边处理

通过求出分幅的变化区域左上角和右下角坐标，然后把新影像的变化信息写到原影像的对应区域中。针对影像增量更新情况下的影像接边缝处理要求，大致可以分为两点：①影像更新后无明显的接边缝隙，即要求原始影像与新影像之间为平滑自然的过渡；②在平滑过渡区域也要尽可能地保证图像的真实性，即过渡区域不能选择太大，而且平滑图像的模糊程度不能过高。在两幅影像的相交边缘处往往因为两幅影像的突变像元差异，产生一条明显的拼接缝，因此，消除这条拼接缝，并且使得新影像和原始影像之间实现自然平滑的过渡，消除像元突变效应成为影像镶嵌的关键问题所在。

如图 5.15 所示，在重叠区内选取长为 l 的区域作为过渡区域。像点距离过渡区域左边缘越远，则左边图像的距离权重越小，否则，右边图像的距离权重越大。所以过渡区域带的像元值计算公式为

$$I = w_a \times I_a + w_b \times I_b = (1 - \frac{d}{l}) \times I_a + \frac{d}{l} \times I_b = I_a + \frac{d}{l}(I_b - I_a) \tag{5.19}$$

式中：d 是图像点距离过渡区域左边缘的长度，单位为像素单元大小；w_a 为原影像像元 I_a 的权重；w_b 为新影像像元 I_b 的权重。

但是，在新影像叠加到原始影像的过程中，往往因为实际地物地表的物理变

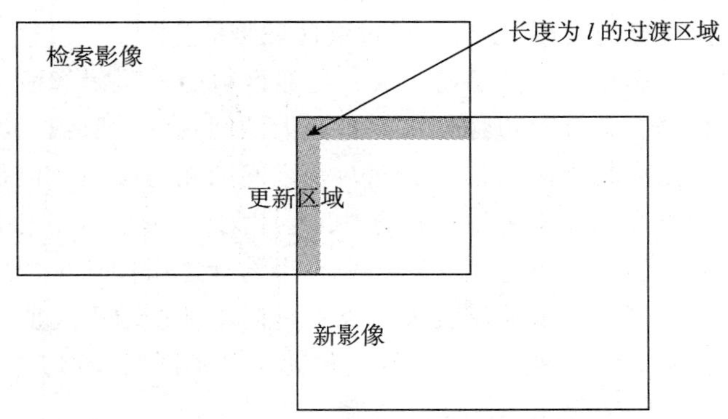

图 5.15　影像更新变化过渡范围

化，两幅影像镶嵌边缘处存在像元的突变效应。由信号频谱分析知识可知，信号的慢变部分在频率域属于低频部分，而信号的快变部分在频率域属于高频部分。对于图像来说，它的边缘以及噪声干扰的频率分量都处于空间频率域较高的部分，因此可以采用低通滤波的方法去除噪声，而频域的滤波又很容易用空间域的卷积来实现，为此只要设计适当的空间域系统的单位冲激响应矩阵就可以达到滤除噪声的效果。

$$G(x,y)=\sum_m\sum_n F(m,n)H(x-m+1,y-n+1) \tag{5.20}$$

式中，$F(m, n)$ 为 $m\times n$ 模板，$H(x-m+1, y-n+1)$ 为卷积模板，$G(x, y)$ 为平滑处理后中心像元的值。

根据空间自相关定律，距离越近的空间相关性越大，距离越远的空间相关性越小。在空间域上对图像进行邻域检测，选定一个卷积函数，又称为模板，实际上是在图像上开一个 $m\times n$ 的图像窗口，窗口形状一般设置为奇数正方形，如 3×3，5×5，7×7 等。针对图像重叠区域，利用卷积算法来处理两幅图像的重叠区域。考虑到实现效率，本文采用 3×3 模板卷积运算消除两幅图像之间的像元差异，低通卷积掩模 $\boldsymbol{H}=\frac{1}{16}\begin{bmatrix}1&2&1\\2&4&2\\1&2&1\end{bmatrix}$，故基于空间域低通滤波距离加权的函数为

$$I_i=I_{ai}+\frac{d}{l}\begin{bmatrix}I_{bi-1}-I_{ai-1} & I_{bi-1}-I_{ai} & I_{bi-1}-I_{ai+1}\\ I_{bi}-I_{ai-1} & I_{bi}-I_{ai} & I_{bi}-I_{ai+1}\\ I_{bi+1}-I_{ai-1} & I_{bi+1}-I_{ai} & I_{bi+1}-I_{ai+1}\end{bmatrix}\times\boldsymbol{H} \tag{5.21}$$

式中，I_i 为处理后的像元值，I_{ai} 为原始影像的像元值，I_{bi} 为新影像的像元值，d

为当前点距新影像边缘的大小，l为平滑过渡区域带的长度。

为实现不同时相影像的自然平滑过渡，过渡区域带的平滑算法是将卷积运算与距离加权运算相结合，针对边缘处灰度差异大的问题，采取低通滤波来消除灰度的突变效应，采用像元距离加权来实现两者之间的无缝接边。但是，低通滤波会造成边缘信息的损失，而不采用这种方法又会由于某些差异较大的新旧像元影响而形成明显的接边缝，所以这里采取损失一小部分边缘信息量的方法，以保证更新后影像的质量。同时，低通滤波模板也不是简单地选取平均值，而是考虑临近像元效应，对于距离中心像元长度不同的像元给予不同的权重。

综上所述，变化区域像元的计算公式为

$$f(x,y)=\begin{cases} I_i，当 x_{\mathrm{lt}} < x \leqslant x_{\mathrm{lt}}+l 且 y_{\mathrm{rb}} < y < y_{\mathrm{lt}} \\ I_{bi}，当 x_{\mathrm{lt}}+l < x < x_{\mathrm{rb}} 且 y_{\mathrm{rb}} < y < y_{\mathrm{lt}}-l \\ I_i，当 x_{\mathrm{lt}} < x < x_{\mathrm{rb}} 且 y_{\mathrm{lt}}-l < y \leqslant y_{\mathrm{lt}} \end{cases} \tag{5.22}$$

对于不同时相影像数据镶嵌边缘存在的像元突变效应，本书进行了基于卷积和反距离加权的图像平滑融合处理，取得了满意的效果，如图 5.16 所示。

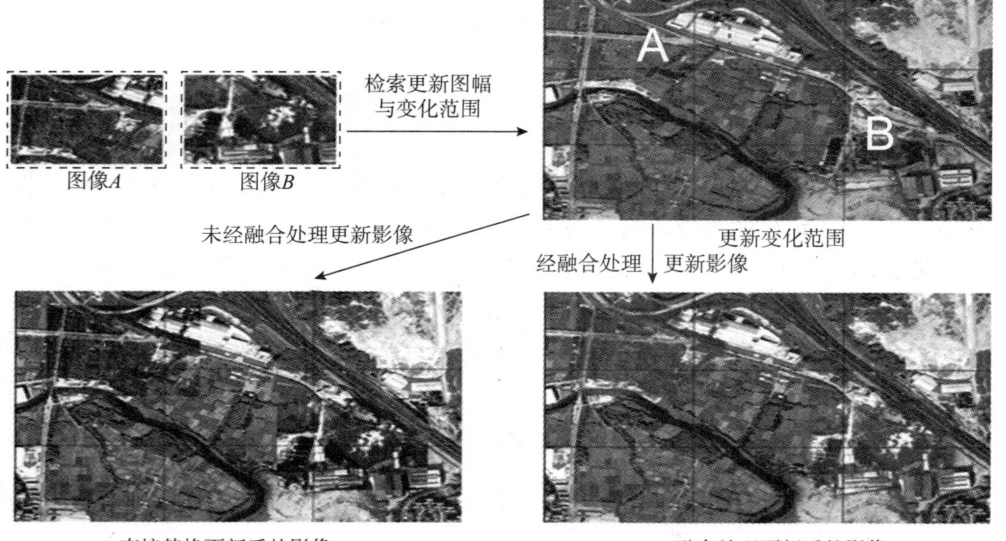

图 5.16 影像数据更新与融合

5.4　平台数据同步更新技术

基础地理信息数据库更新完成后，接下来需要完成平台数据的同步更新。平台数据的同步更新主要有两类，一是平台地理实体数据的更新，二是平台瓦片数据的更新。如图 5.17 所示，地理实体数据可以按照空间实体、面向要素以及数据集等三种类型进行更新，更新时，基于基础地理信息数据库更新时的变化信息标识快速找到变化实体、要素或区域，进行要素的匹配和处理，进行空间冲突检测，实现矢量数据更新，并进行历史数据保存和日志修改。瓦片数据的更新是在基础地理信息变化检测信息的基础上完成的，通过计算更新范围，搜索该区域的瓦片，然后进行地图裁切、瓦片更新和历史保存。

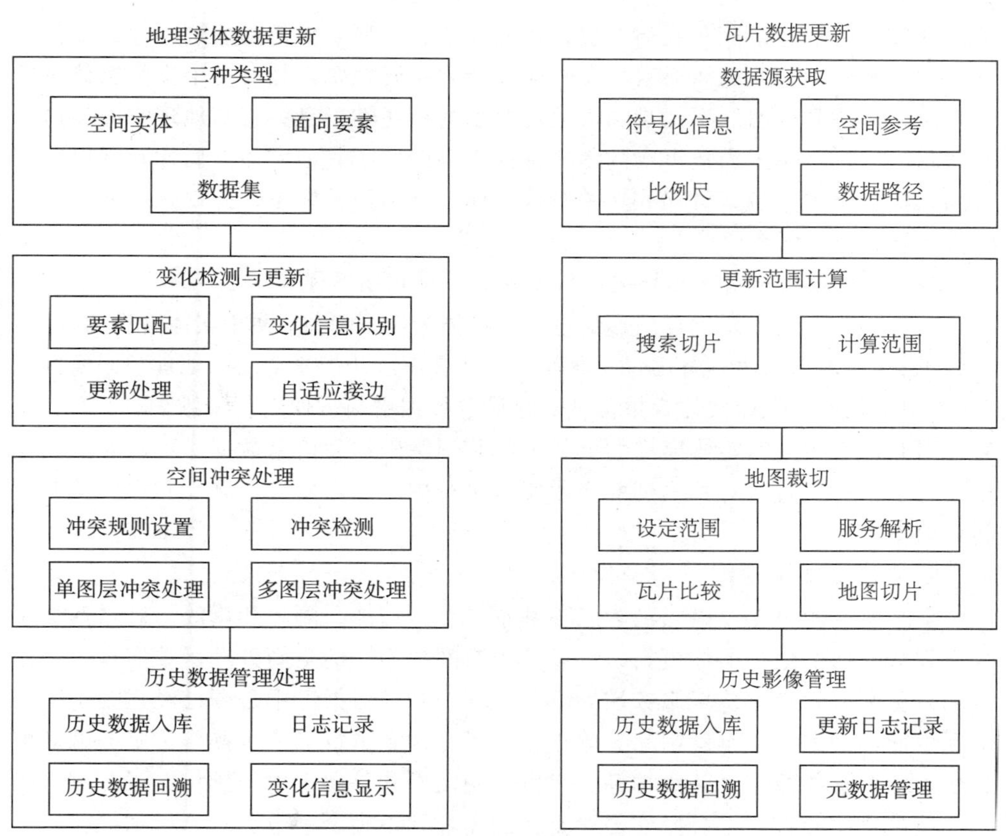

图 5.17　平台数据同步更新技术流程

5.4.1 地理实体数据更新

1. 空间实体的更新

空间实体模型以独立、完整、具有地理意义的单个地理实体为数据组织和存储的基本单位对地理空间进行表达，每个实体既有独立的坐标数据，又有自己的属性和操作方法，在具体组织和存储时，可将坐标数据和属性数据分别存放在文件系统和关系数据库中，也可将二者统一存放在关系数据库中，并利用实体内部和实体之间的联系来描述地理实体之间的联系。

在空间实体模型中，地理实体被抽象为一个要素，一个要素又由空间要素和非空间要素组成。空间要素主要是几何要素，任何几何要素都是由点、线和面等几何要素构成，原子几何要素是不可再分割的几何要素，在几何空间中，任何复杂的几何要素都是由原子几何要素构成的，所有几何要素都是通过独立的几何坐标 (X,Y) 表示的。非空间要素主要是属性要素，属性要素是对一个空间实体对象的定义、描述和说明。属性是关于地理要素的描述性信息，它是地理空间实体相互联系的数据，用于表达事物的本质特征，以区别于其他实体。属性数据以地理空间实体为组织单位，可存放在关系数据库或其他数据库中，并以唯一的标识码与实体要素建立联系。

空间实体模型相对于拓扑关系数据模型，具有如下优势。

（1）几何数据、属性与图形信息都以实体为组织单位，便于实体管理与操作。

（2）利用点、线、面几何要素可表达具有任意几何复杂度的地理空间实体。

（3）几何数据以实体为单位独立存储，数据更新方便，易于维护。

因此，面向空间实体模型的更新可以利用基础地理信息数据库更新时的变化检测标识信息，直接对检测到的变化实体进行更新，然后根据属性和空间关系重新构建实体。

2. 空间要素的更新

空间要素的更新可以归纳为三种基本操作：增加、删除和修改。针对数据源为空间数据库的地理实体更新，可以基于空间数据库的空间处理函数实现，当客户端将更新要素批量传至服务端后，服务端先判断数据库中是否已经建立了历史库和中间库。如果没有，则动态建立；如果有，则进行下一步操作。服务端对更新要素提取必要数据，并添加标签字段表明此要素是属于增加操作，或是删除操作，还是修改操作。三种操作提取要素的内容并不完全一致，对于增加操作，只需要提取新要素匹配的字段和字段值；对于删除要素，同样需要提取所删除要素匹配的字段和字段值；对于修改操作，需要提取要素更新字段的旧字段值和新字段值；此外，对于每一条更新记录还需要标记上更新的时间，这样做的目的是形成一个完整的结构体，以备将所有更新要素放入到中间库中。在保存所有要素完毕之后，发出提交命令，服务端将逐条浏览中间库的记录，统一对现状库进行更改，更改成功之后，服务端将中间库的更新记录存储至历史库中，作为数据历史回溯的依据，最后将中间库清除掉。

3. 面向 Shape 数据的更新

面向 Shape 数据的更新机制与空间数据库不同。空间数据库有完善的 SQL 语句、空间数据库应用开发接口作为更新的工具，更新起来较为方便。相比较而言，虽然 Shape 数据也算是一种空间数据库，但是在更新机制上，相比正规的数据库相差还是比较大的：首先无法通过标准的 SQL 语句进行操作，其次自身没有一套完善的空间应用开发接口作为更新的支撑，最后 Shape 数据的存储也不如空间数据库存储方便，需要管理的文件较多，很容易造成数据的冗余。为了能够顺利实现对 Shape 数据的更新，可以借助地理空间抽象数据模型库、底层空间数据转换库（geoaspatial data abstraction library, GDAL）研发更新工具包，实现对 Shape 数据的更新。

Shape 数据的更新机制虽然与空间数据库的更新机制不一致，但是与空间数据库的更新方案保持一致，这样不仅有助于形成统一的更新模型，更避免了后台服务代码的冗余。Shape 数据的更新同样可归纳为增加、删除和修改三种基本操作。除此之外，针对 Shape 数据的更新也需要建立现状库、历史库和中间库，借助封装好的工具包实现对 Shape 数据的更新。

Shape 数据更新的流程大致如下：客户端将更新要素批量传至服务端后，前期更新步骤与空间数据库的更新相同，首先需要判断历史库和中间库是否存在，若不存在则动态创建，然后根据要素操作的类型提取更新要素的数据内容，标记上更新时间字段和操作类型，存储至中间库。当作业员编辑完毕确定提交更改之后，服务端会根据数据源类型的不同区别对待，分别更新。针对 Shape 数据，首先获取到数据源的路径，然后调用工具包将数据打开，作为一个资源存在，然后获取资源中的要素类。若是增加操作，则调用要素类创建一个空要素，对其添加字段属性值，也可添加空间属性值，最后将要素添加到要素类，保存即可；若是更新操作，要素类根据要素的 ID 得到更新要素，并将修改的字段属性值和空间属性值重新赋给要素；若是删除操作，要素类获取到更新要素的 ID，就可将要素删除掉；待所有更新要素处理完毕之后，执行要素类的存盘操作，并将更新记录存储至历史库中，同时清除中间库，释放资源。

5.4.2　地图瓦片更新

通过对上述地理实体数据的更新后，针对要素服务、路径服务的平台后台数据服务其实已经实现了其真正意义上的更新，但是针对网络地图服务和网络地图切片服务还不够，因为这两种服务还需要对更新区域数据进行重新切片，并将新生成的地图切片替换掉原有地图切片，方可实现真正的数据更新。

地图切片数据更新的实质是通过对更新区域重新切片而实现的，所以地图切片数据更新的主要技术包括地图切片数据源的获取、更新区域计算、地图裁切以及瓦片更新。更新区域计算和地图裁切主要是通过计算得到更新区域的坐标范围和数据源信息，将配置文件传给工具后，工具就会按照所给范围对数据源每个比例尺的地图数据进行重新裁切，并生成新的地图切片数据，该过程涉及瓦片的存储、切片组织的命名规则、空间范围与地图切片行列号的换算机制。

1. 数据源获取

地图切片数据源的获取是通过引入基础地理信息数据库的变化检测标识信息，将其写入切片更新工具包后，自动计算获取切片范围，生成含有切片数据源的符号化信息、空间参考信息、比例尺等相关信息的配置文件，然后通过这些配置文件可获取到地图切片数据源的绝对路径，从而可获取到数据源。

2. 瓦片存储机制

瓦片数据的更新首先是基于其数据源的更新和回溯，所以从根本上讲，应该建立数据源的现状库和历史库，并在中间库中实现对数据源的更新和历史回溯。实现数据源的更新和历史回溯后，对数据源的现势数据进行重新切片，并替换现状库的切片数据，实现地图切片数据的更新。

1）建立瓦片本体库、瓦片元数据库

瓦片本体库：存储瓦片本体数据，该数据库的初始库体为空，需要随着服务需求的逐渐增加而增加，其存储结构如图 5.18 所示。

瓦片元数据库：存储瓦片数据的元数据，该数据库的初始库体为空，需要随着服务需求的逐渐增加而增加。该数据库的库表结构如表 5.2 所示，其数据表结构如表 5.3 所示。

2）建立库体之间的关联关系

服务器端根据请求的数据类别以及计算出的瓦片级别、瓦片行列号，搜索瓦片元数据库，并调用“瓦片有无判断识别模块”，确定瓦片的有无。

若瓦片元数据库不存在对应瓦片元数据信息，则根据客户端请求参数值，调用地理信息本体库中的现势地理信息本体，进行实时切图和数据增量扩充，切图后的瓦片实时增量扩充至瓦片本体库，瓦片的元数据信息增量扩充至瓦片元数据库，服务器端将瓦片打包送回客户端。

若瓦片元数据库存在对应瓦片元数据信息，则“调用瓦片新旧判断识别模块”，根据搜索返回的瓦片更新时间元数据，同时根据客户端请求参数值，搜索地理信息元数据库中对应地理信息本体数据更新时间元数据，对两个更新时间进行一致性比对。若比对结果为两者更新时间一致，则服务器端直接从瓦片本体库中调用该部分瓦片，并打包送回客户端。若比对结果为地理信息本体数据现势性强，则

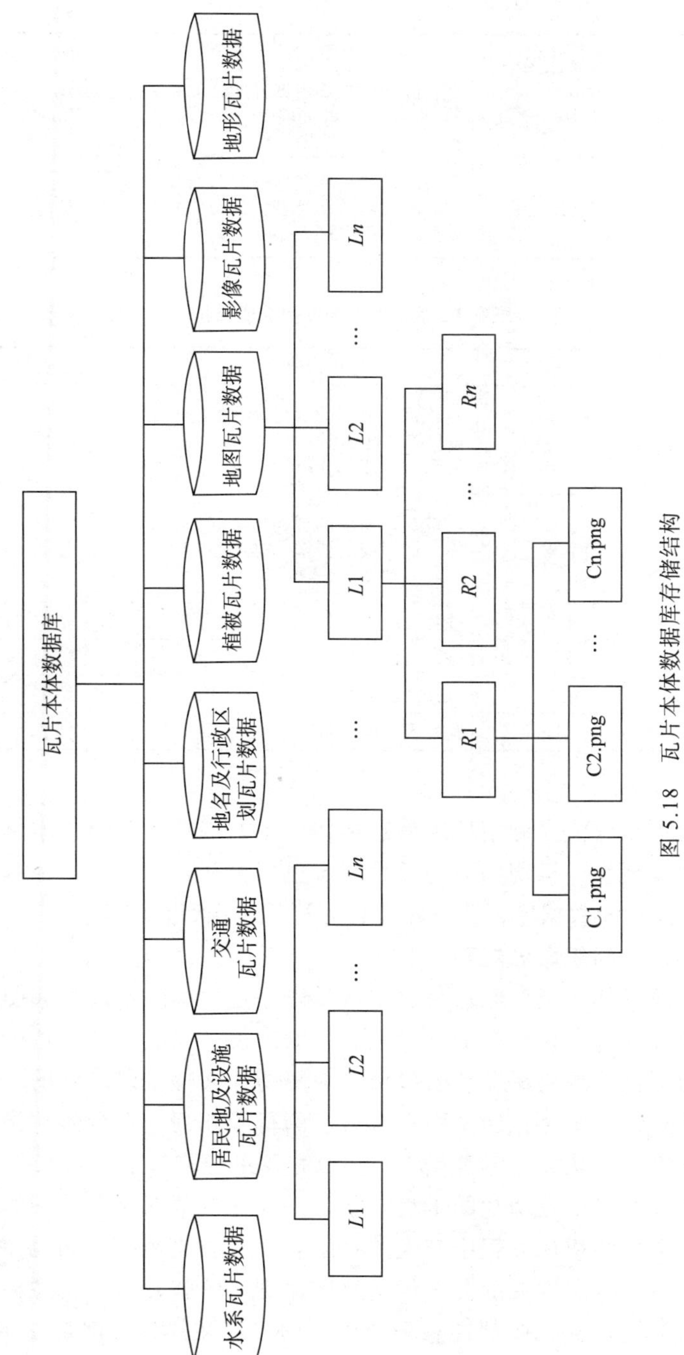

图 5.18　瓦片本体数据库存储结构

表 5.2 瓦片元数据库库表结构

序号	字段标识	标识内容	字段类型
1	ID	对应的“瓦片数据分库”的名称标识，如“image”，代表为影像瓦片数据	字符型
2	TYPE	对应的“瓦片数据分库”所对应的要素数据类型，如影像数据的 TYPE 为 7	整型

表 5.3 瓦片元数据库数据表结构

序号	字段标识	标识内容	字段类型
1	ID	该瓦片所属的“瓦片数据分库”的名称标识，如“image”，代表为影像瓦片数据	字符型
2	TYPE	该瓦片所属的“瓦片数据分库”所对应的要素数据类型，如影像数据的 TYPE 为 7	整型
3	L	该瓦片的级号	整型
4	R	该瓦片的行号	整型
5	C	该瓦片的列号	整型
6	TUpdate	瓦片更新的时刻	时间型

根据客户端请求参数值，调用地理信息本体库中的现势地理信息本体，进行实时切图和数据同步更新，将切图后的瓦片同步更新至瓦片本体库，瓦片的元数据信息同步更新至瓦片元数据库，服务器端将瓦片打包送回客户端。

3. 地图切片的组织命名规则

地图切片是以某一坐标原点为起始点，以一定规则的网格将底图切割成大小相等的小图片并存储在计算机的硬盘上。一般来说，原点是位于地图左上角的坐标点，格网的覆盖范围要覆盖全图区域。地图切片文件是以图片的形式保存在文件夹中的，并且每张图片在地图中有着自己的行号和列号：行号从格网的原点向右，起算步长为 1 ，从 0 开始递增；行号从格网的原点起算，步长为 1 ，从 0 开始递增。最顶层的目录是切片的工程名字，内部含有不同比例尺下的地图切片数据、工程配置文件和切片过程中产生的日志。每一级比例尺下的地图切片都以一个子文件夹存在，子文件夹的名字就是对应比例尺的整数，子文件夹下是以地图数据组名命名的文件夹，内部还有不同级别的缓存文件夹，都是以字母 l 加数字命名的，其中，l 为 level，数字代表着缓存级别。文件夹内就是缓存的切片，缓存切片的命名规则为“行号 × 图片像素 | 列号 × 图片像素”。一般地图切片的

像素规格为 256 × 256 或者 512 × 512。

4. 地图切片与空间范围的换算机制

地图切片对数据源的更新，会根据更新要素的坐标范围或坐标值计算更新要素所在地图切片的行列号，并以此找到地图切片，根据地图切片的像素值和不同级别下像素值代表的实地距离计算更新范围，然后针对更新范围对数据源进行切片。

1）根据变化检测的更新标识信息搜索对应的地图切片

将更新要素分为两类来处理，一类是点要素，一类是线和面要素。点要素的处理就是通过获取点要素和网格坐标原点的坐标值，通过公式计算点所在的地图切片的行列号，根据缓存切片的命名规则“行号 × 图片像素 | 列号 × 图片像素”找到待更新地图切片。公式为

$$Row = Floor((x\text{-}X_0)/l) \tag{5.23}$$

$$Col = Floor((Y_0\text{-}y)/l) \tag{5.24}$$

式中，Row 代表地图切片的行号，Col 代表地图切片的列号，$Floor(X)$ 函数为不大于 X 的最大整数，(X_0,Y_0) 为网格的坐标原点，(x,y) 为点要素坐标，l 为当前比例尺下图片高度代表的实地距离。

线和面要素的处理方式采取同样的策略，取得要素的 $X_{min},Y_{min}, X_{max},Y_{max}$，通过与网格的坐标原点 (X_0,Y_0) 进行计算，得到线和面要素所在地图切片的行列号，然后根据缓存切片的命名规则“行号 × 图片像素 | 列号 × 图片像素”找到待更新地图切片。计算公式如下

$$Row_{min} = Floor((X_{min}\text{-}X_0)/l) \tag{5.25}$$

$$Row_{max} = Floor((X_{max}\text{-}X_0)/l) \tag{5.26}$$

$$Col_{min}=Floor((Y_0\text{-}Y_{min})/l) \tag{5.27}$$

$$Col_{max}= Floor((Y_0\text{-}Y_{max})/l) \tag{5.28}$$

式中，Row_{min} 为行号最小值，Row_{max} 为行号最大值，Col_{min} 为列号最小值，Col_{max} 为列号最大值，X_{min} 为要素 X 坐标最小值，Y_{min} 为要素 Y 坐标最小值，X_{max} 为要素 X 坐标最大值，Y_{max} 为要素 Y 坐标最大值，l 为当前比例尺下图片高度代表实地的距离。

2）根据图片的行列号计算地图切片的空间范围

获取到待更新地图切片的行列号后，就可以通过行列号和图片高度所代表的实地距离计算出数据更新的矩形范围，有了矩形范围才能进行更新区域切片，否则如果随便指定范围进行切片的话，会导致更新的地图切片无法与原有的数据匹

配。计算公式如下

$$X_{\min} = l \times Col+X_0 \tag{5.29}$$

$$X_{\max} = l \times (Col+l)+X_0 \tag{5.30}$$

$$Y_{\min} = l \times Row+Y_0 \tag{5.31}$$

$$Y_{\max} = l \times (Row+l)+Y_0 \tag{5.32}$$

式中，$X_{\min}$，$Y_{\min}$，$X_{\max}$，$Y_{\max}$ 分别为矩形范围的 X 坐标最小值，Y 坐标最小值，X 坐标最大值，Y 坐标最大值；(Row, Col) 为地图切片的行列号，(X_0, Y_0) 为网格的坐标原点，l 为当前比例尺下图片高度代表实地的距离。

5. 地图裁切

计算得到裁切范围后，切片工具包通过服务响应与解析、瓦片自动检索、时间标识、瓦片裁切等技术完成更新区域地图瓦片的生成。

首先接收客户端的地理信息瓦片服务请求，并从中解析出请求范围内的地理信息瓦片的相关信息；然后根据请求信息检索瓦片元数据库，如果检索到与所述相关信息对应的瓦片元数据，则发出瓦片更新时间识别指令，否则发出瓦片生成指令。

根据瓦片更新时间识别指令提取出瓦片元数据中的瓦片更新时间，从地理信息元数据库中提取出与该瓦片对应的地理信息元数据的更新时间，比较该瓦片的更新时间与该地理信息数据的更新时间是否一致：如果一致，则根据瓦片数据索引从瓦片本体数据库中获取该瓦片的本体数据；否则发出瓦片生成指令。

最后生成瓦片，使用检索获取对应地理信息本体数据索引，从地理信息本体数据库中获取地理信息本体数据，对该地理信息本体数据进行栅格化和裁切处理，以便生成与上述地理信息瓦片相关信息对应的瓦片。

6. 瓦片更新

地图裁切完毕后，建立增量瓦片数据包，把原始元数据信息和瓦片本体封装后发送给历史库，最后根据瓦片的相关信息将更新元数据和本体数据分别写入瓦片元数据库和瓦片本体数据库，完成瓦片更新。

5.5　核心装备

为实现平台同步更新技术体系，本书作者及其带领的科研团队基于 New Map 面向 C/S 的底层开发模块，根据数据更新的过程环节，研制了三个软件工具包，分别支持数据预处理、自适应动态更新和瓦片动态更新。

5.5.1　数据预处理工具包

数据预处理工具包主要对外业采集的地形图数据进行数据规整、数据检查、数据编辑和数据转换等预处理操作。

（1）数据规整功能是将外业采集的地形图数据，按照数据分层标准及编码规范，实现编码赋值、图层筛选、模糊筛选、编码检查等功能，如通过数据源中的厚度属性进行批量编码转换，通过分类编码选择对单个或多个对象进行规整，通过符号选择的方式进行规整，并可自动检查对象编码的准确性。如图 5.19 所示。

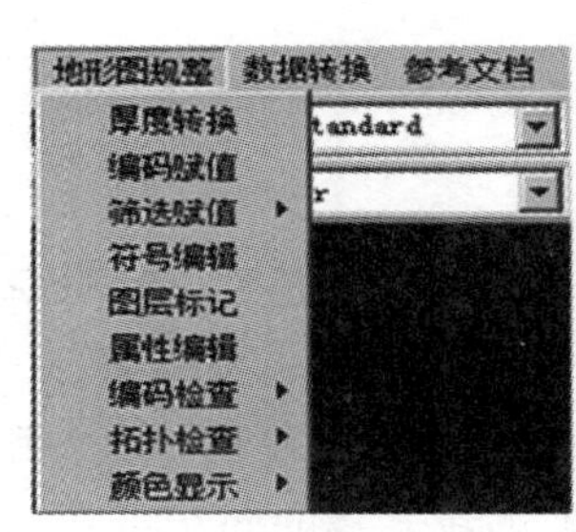

（a）功能菜单

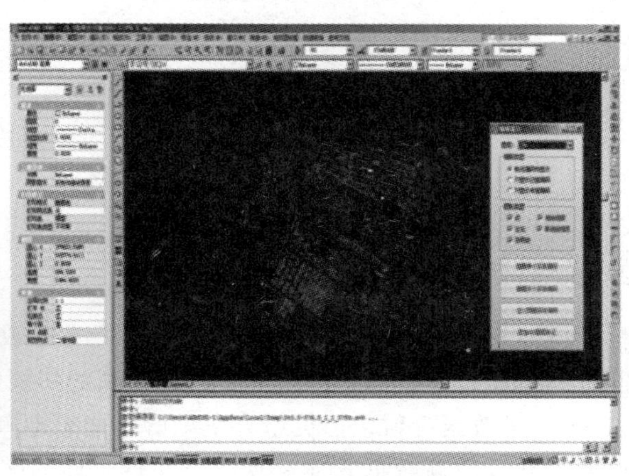

（b）数据规整界面

图 5.19　数据规整

（2）数据检查是针对外业采集的数据中存在的不规范之处，进行检测与编辑，包括平面坐标检查、高程基准检查、投影检查、分层规范检查、单图层拓扑检查、复合图层拓扑检查、字段结构检查、字段约束检查以及对以上的检查进行自定义设置的综合检查。如图 5.20 所示。

（3）数据编辑是对空间数据进行几何编辑和属性编辑。几何编辑提供了增加要素、删除要素、修改要素节点、合并要素、捕抓节点等工具。属性编辑对要素的属性信息进行相应的增加、删除或修改。并实现要素空间位置与属性信息的联动。数据编辑提供了一系列数据库矢量数据以及本地矢量数据的编辑工具，如要素图形编辑、属性编辑、要素新建、删除与复制粘贴等。

（4）数据转换功能实现了外业地形图数据与 GIS 数据（包括 mdb 数据及 Oracle 中的数据）的双向转换。在数据预处理平台下实现无损的批量转换，保证几何信息与属性信息的完整性。转换过程中，按照数据标准，进行图层的划分及编码的自动转换。对于基于图幅范围的转换，系统还提供了边界要素分割的自动处理。

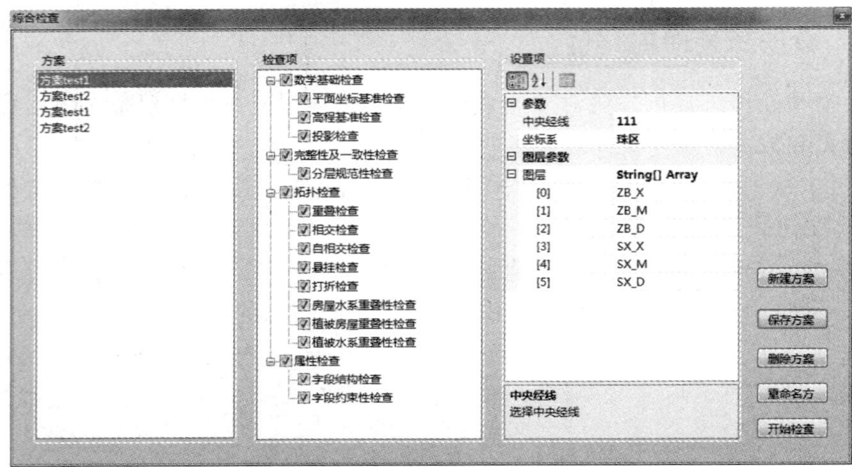

图 5.20 数据检查

5.5.2 自适应动态更新工具包

自适应动态更新工具包主要对矢量数据、专题数据、影像数据等进行更新方案的配置和更新处理，同时提供历史数据回溯的功能。

（1）矢量数据更新包括更新方案配置、冲突检测处理设置、基于图幅更新、基于要素更新及更新数据入库等功能。实现了面向多种更新方式的同步更新，并保证更新过程中数据的一致性和安全性。如图 5.21 所示。

图 5.21 更新方案设置

（2）专题数据更新可面向规划、国土等专题数据进行更新。模块功能包括更新方案配置、冲突检测处理设置、基于图幅更新、基于要素更新及更新数据入库等功能。针对整幅数据批量更新、备份的方式，系统提供了历史数据管理的方式，以支持现有系统的使用。面向专题数据的特殊数据结构及数据质量要求，系统提供了多种更新方式，在更新过程中保证数据的一致性和安全性。如图 5.22 所示。

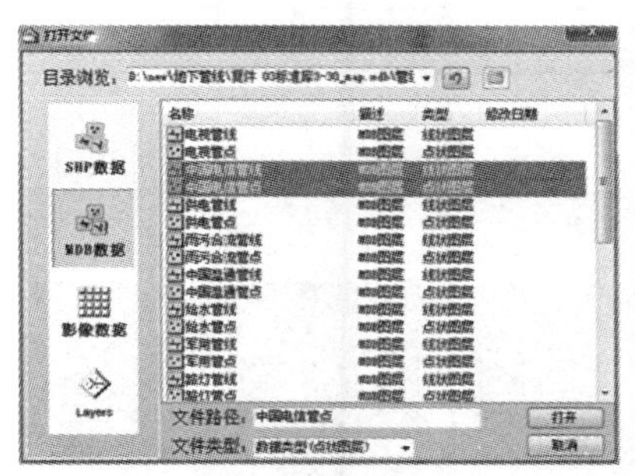

（a）更新数据设置面板

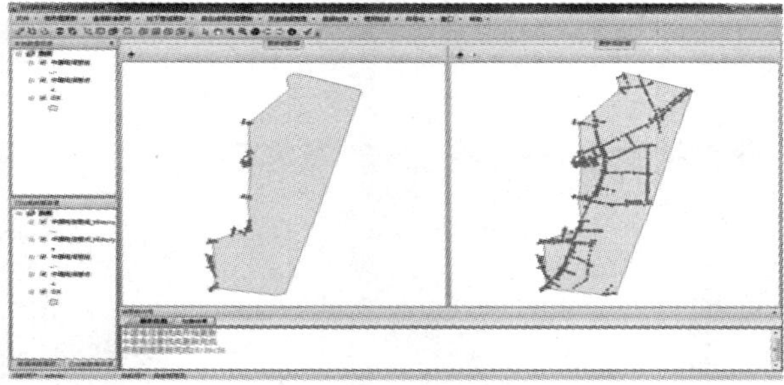

（b）专题数据更新界面

图 5.22　专题数据更新

（3）影像数据更新实现了基于图幅的影像数据替换与融合。系统根据更新影像范围寻找到需要进行更新的原始影像，然后进行替换和色彩融合、边界处理，使更新前后影像的色调一致。最后，把更新后的影像数据入库。如图 5.23 所示。

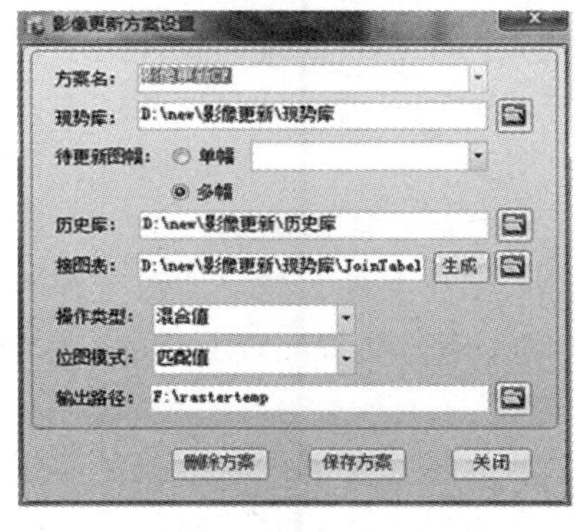

（a）参数设置面板

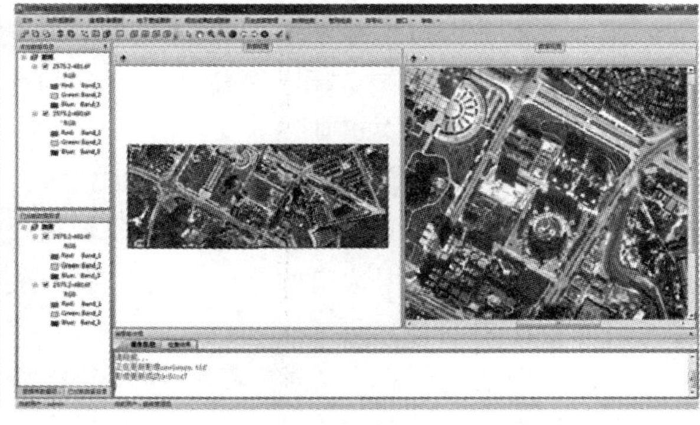

（b）影像数据更新界面

图 5.23　影像数据更新

（4）历史数据回溯可以按照指定时间点或者时间间隔的方式，查找相应的历史数据，通过现状数据与历史数据的对比，为变化信息分析提供辅助手段。系统还提供了变化信息闪烁的功能，在现势数据窗口中闪烁发生变化的要素。如图 5.24 所示。

（a）矢量数据历史回溯

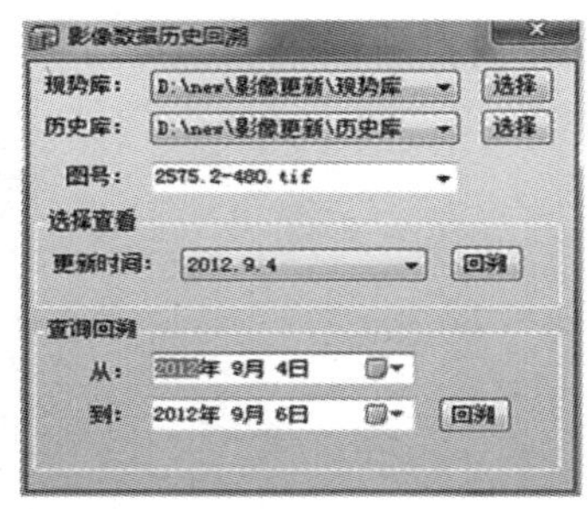

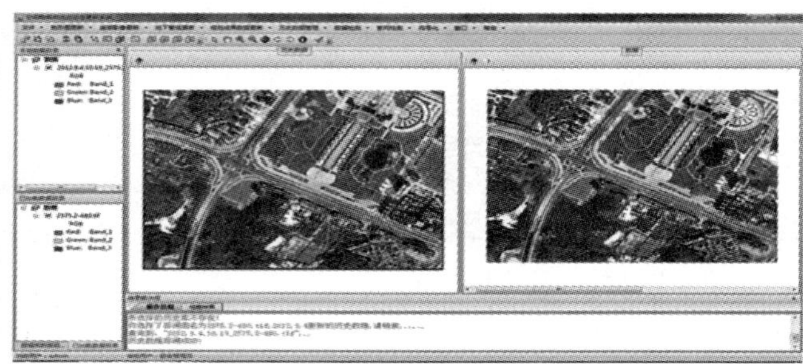

（b）影像数据历史回溯

图 5.24 历史数据回溯

5.5.3 瓦片动态更新工具包

瓦片动态更新包是基于 NewMap 面向 C/S 的底层开发模块研发的瓦片同步更新工具，可以针对已知范围、分幅边界、自动计算范围和任意划分范围等多种方式进行瓦片数据的动态更新。

（1）已知范围瓦片数据更新（见图 5.25）是通过在对话框中输入上下左右坐标，设置当前瓦片更新的矩形范围，或者通过导入图层文件，确定地图更新的多边形范围，然后根据选定的范围输出服务配置文件，通过检查配置文件的参数，实现设定范围内的瓦片更新。

（2）分幅边界瓦片数据更新针对单个分幅方案文件进行缓存输出和瓦片更新，也可以对多个分幅方案进行批量瓦片更新（见图 5.26）。同时分幅分块进行缓存输出后，对边界部分不足 256×256 的图片进行融合，从而实现分幅分块进行缓存输出后的图片达到与整幅输出同样的效果。

（3）通过基础地理信息数据库的变化检测标识信息，还可以计算更新切片范围，实现瓦片数据同步更新。通过切片检查工具，不仅可计算更新数据切片范围，还可以从元数据库中把发生变更的切片信息写入日志，以供更新后生成增量瓦片数据包发送给历史数据库。

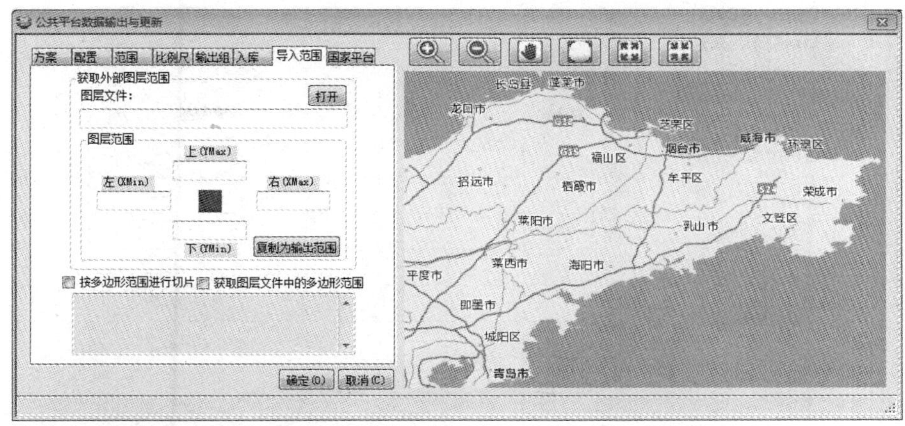

图 5.25　导入范围

分幅边界瓦片数据更新
方案　基本设置　比例尺
单个分幅边界更新
分幅方案文件：
导入
查看　另存　保存
多个分幅边界更新
多分幅方案文件　导入　保存
多分幅方案工程　导入　查看
开始更新

图 5.26　分幅边界瓦片数据更新

（4）对于更新数据涉及范围较为分散的情况，瓦片同步更新工具提供了切片范围划分工具，可实现任意划分范围的瓦片数据更新（见图 5.27）以减少计算量，提高瓦片更新效率。当发生大范围但不连续的数据更新后，可以首先划分区域，再对这些区域进行选择，对齐与排列、合并与打散，最后根据选择的区域进行瓦片数据更新。

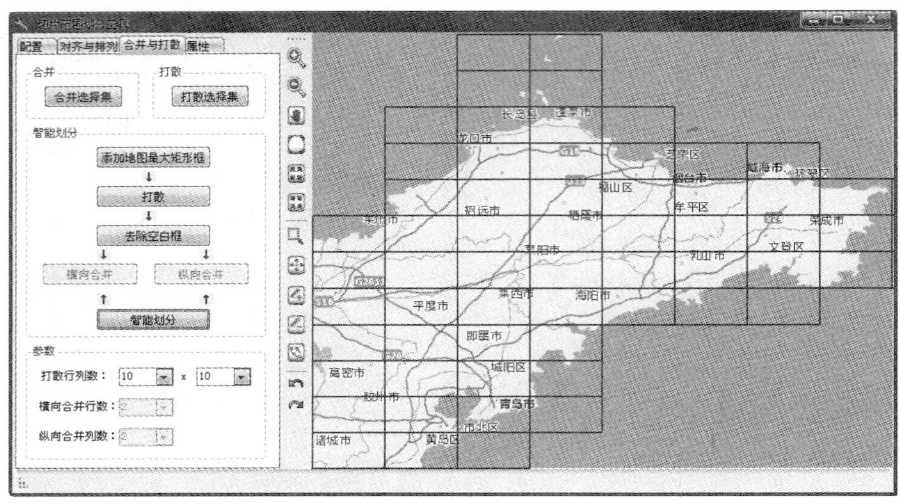

图 5.27　智能划分

5.6　小结

本章建立了地理信息公共平台数据从变化发现到采集修改的同步更新整个技术流程。首先研究基础地理信息中的矢量和影像数据更新相关技术[30-31]，实现了外业数据到基础地理信息数据库的同步更新；然后建立基础地理信息数据库和平台数据的关联，通过变化区域检测和局部更新技术实现了平台数据的同步更新。最后以 NewMap 软件为例，介绍了该技术流程的三个核心软件工具集。

第6章　典型案例——以“数字临沂”为例

依托数字城市地理空间框架原理性概念以及平台数据生产、平台建设服务和平台同步更新三套技术体系，在全国范围内开展了322个地级市、260多个县级市的数字城市地理空间框架建设，截至2013年年底，近200个地级市、70个县级市已经完成建设，开发了3 000余个专题应用系统，涉及国土、规划、交通、房产、公安、消防、环保、卫生、公众服务等60多个行业领域，在强决策、精管理、惠民生和促产业等方面发挥了十分突出的作用。本章以“数字临沂”为例[32]，介绍核心内容“一库、一平台、若干应用示范”的具体实现。

6.1　简况

临沂市地处山东省东南部，是著名的沂蒙革命老区，下辖6区9县，6区为兰山区、罗庄区、河东区、国家级临沂高新技术产业开发区、国家级临沂经济技术开发区和临沂临港经济开发区，9县为郯城县、兰陵县、沂水县、沂南县、平邑县、费县、蒙阴县、莒南县和临沭县。近年来，临沂经济发展迅速，从昔日的革命老区逐渐转变为长江以北最大的小商品商贸区。

2007年6月，国家测绘地理信息局批准临沂市为全国“数字城市地理空间框架试点工程建设”试点城市，对从革命老区中走出来的地区进行数字城市地理信息公共平台建设具有较强的推广和指导作用。当时，全国已经启动了27个数字城市的建设，其中，太原、嘉兴和潜江初步建成，极大促进了当地信息化建设。但是，这些地区的数字城市建设基本上是集中在1个节点，部署在市测绘地理信息行政主管部门，其他政府及各部门只是单向在线调用地理信息。然而对临沂这样包括6区9县17 184 km^2，面积广、人口多、发展快的地区，同时又有各个部门积极要求其专题信息分布式纳入平台，所以1个节点的服务模式和单向流动的共享方式很难满足要求。为此，国家测绘地理信息局将“数字临沂”纳入试点，旨在探索多节点分布式地理信息公共平台建设的技术方法，为全国其他地市提供示范。

通过三年时间、近百人的辛勤努力，“数字临沂”顺利建成，并首次提出并建立了任务解析分配模型（RAAM）、服务代理模型（SmartSAM）以及一种适用于网络三维模型优化的三维重建方法，攻克了多节点协同的关键技术难题，完善了基础地理信息数据库，并基于NewMap面向C/S的底层开发模块开发了多节点协同地理信息公共平台软件，国内第一次在临沂市建立了“1个市级测绘数据主节点+9个县级测绘数据分节点+30个部门专题信息节点”的地理信息公共平台，实现了市域全覆盖、总量4.2 TB数据的分布式存储、多节点协同、一站式服务。30个部门依托平台建立或扩展了42个专题应用系统，实现了临沂市政务信息化空间支撑全覆盖，并在全国首次建立了政策有保障、技术有手段、落实有机构的平台运行服务的整套长效机制，极大地推动了地理信息资源的共享服务水平。

“数字临沂”在2010年9月通过了国家地理信息测绘局组织的验收，专家组一致认为：“总体水平达到国际先进，在多节点动态协同、智能服务代理等方面国际领先。‘数字临沂’的建设、应用及运营模式对促进地理信息产业发展和数字城市地理空间框架建设具有示范作用和推广价值。”多节点协同地理信息公共平台建设成果已在全国推广，山东省17个地市均按照此模式开展，北京、江西、江苏、河北、河南、湖北、吉林、辽宁等十多个省、直辖市的测绘地理信息行政主管部门带领辖区内各地市党政领导和技术人员到临沂市参观、考察学习，已累计50多批、600多人次，对我国数字城市建设起到了极大的示范带动作用。2010年9月，人民日报社、新华社、光明日报社、经济日报社、中央人民广播电台、中央电视台等10家主要新闻媒体单位对“数字临沂”进行了宣传报道，在全国范围内产生了极大的反响。

6.2 基础地理信息数据库建设

临沂市基础地理信息数据库由基础地理信息数据、管理系统和支撑环境三部分组成（见图6.1）。其中，基础地理信息数据是基础地理信息数据库的核心，按类型分为数字线划图数据、数字高程模型数据、数字正射影像数据和地名数据等多个分库。分库又根据比例尺和分辨率的变化细化为子库，子库也可根据要素分成若干层，GIS数据的某一图层矢量数据对应数据库中的一个数据表，数据表名利用各图层对应的图层代码表示。管理系统和支撑环境是数据存储、管理和运行维护的软硬件及网络条件。

临沂市原有基础地理数据库包括了1:500、1:1 000、1:5 000、1:1万、1:5万、1:25万等多种尺度的数据，在进行本次“数字临沂”地理空间框架建设时，结合临沂市城镇地籍调查开展临沂城区及周边的1:500、1:1 000比例尺DLG数据的更新及整理，新测绘了1:500比例尺地形数据，完成北城新区三维模型的构建、整理入库，形成现势性强、权威的基础地理信息数据库。具体工作包括DLG矢量数据更新和整理、DLG数据采集和三维数据的采集及建模、DLG数据建库等。

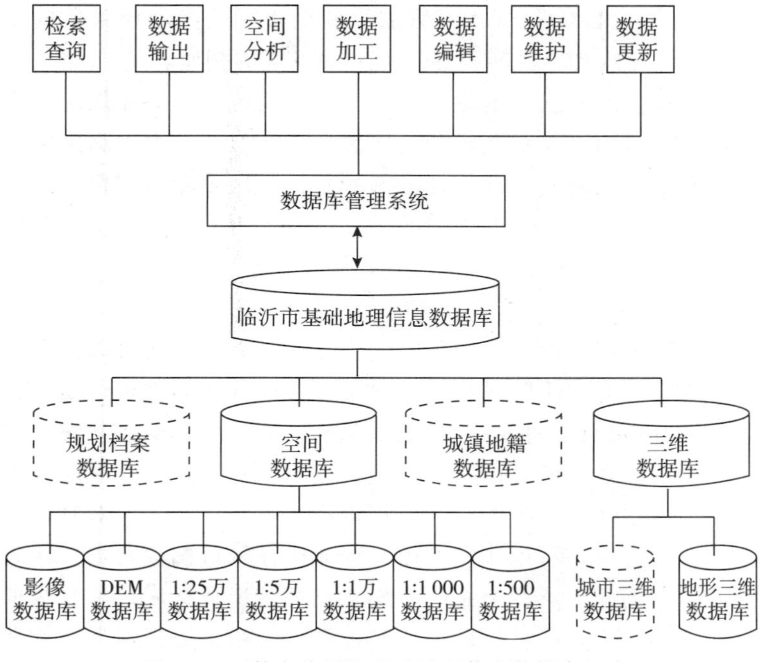

图 6.1　“数字临沂”基础地理信息数据库组成

6.2.1　基础地理信息数据采集与更新

在原有测绘成果的基础上，“数字临沂”采用基础控制测量、航空摄影测量技术和地形图测绘技术，遵循国家和行业相关标准和规范，完成了基础数据的建设内容，所取得的成果包括：

（1）市区 145 km^2 1:500 DLG 数据生产与更新。

（2）市区 125 km^2 1:1 000 DLG 数据更新。

（3）全市域 17 184 km^2 1:1 万比例尺 DLG 数据更新。

（4）全市域 17 184 km^2 地名地址数据采集与处理。

（5）市中心城区 25 km^2 三维空间数据采集建模。

（6）全市域 17 184 km^2 0.6 m 分辨率影像。

6.2.2　数据库管理系统建设

1. 组成

临沂市基础地理信息系统管理临沂市所有基础地理信息数据及其相关的属性数据，包括现有图形属性数据和潜在图形属性数据。数据库管理系统基于 Oracle 数据库，将控制点、城市影像数据、大比例尺 DLG、DOM、DEM 数据，国家、省级提供的1:25万、1:5万、1:1万数据以及全市域范围的地名数据在全关系型数据库中进行一体化管理，既相互独立，又便于集成叠加。

为了实现数据更新及版本的维护工作，库体设计成现势库加历史库的两库模式。两个数据库的库表命名规则相同，库表结构相似。其中现势库中存储当前版本条件下的所有数据信息，是现势性最好的数据；历史库中保留着历史上各个更新阶段的变更信息，并可以根据用户的需要结合现势库恢复出历史上任意时段的数据信息。

2. 数据组织

“数字临沂”采用了多库一体化的组织方式。多库集成可以使多种数据库之间能够全面交互、配合解决问题，使用户既能方便地访问多种数据库，又可保持各库的独立性。其中数据是标准化、规范化的，采用统一编码和统一格式；数据组织是有效组织的，在平面方向，分层的数据组织成逻辑上无缝的一个整体，在垂直方向，各种数据通过一致的空间坐标定位能够相互叠加。对基础地理信息数据建立统一的空间索引，可以快速调度数据库中任意范围的数据，达到对整个数据的无缝漫游。数据库从整体上是一个集成化的逻辑数据库，所有数据能在同一界面下进行调度、浏览，各种比例尺、各种类型的基础地理信息和数据能够相互套合、互相叠加与相互参考。用户完全不需要了解这些数据的具体存储位置和存储方式，就能实现对所需数据的实时访问。

1）矢量数据

完成城市地物分类的城市空间数据进入数据库后，如果将城市范围内海量的空间数据以传统方式进行分幅存储和管理，则会大大地降低操作效率和响应速度，因此，系统数据采用无缝拼接的方法进行自动化或半自动化入库，整个城市的空间数据不再有图幅和区块的概念，从而实现真正意义上的连续，使用户可以自由地漫游整个数据库。

为了实现海量无缝数据的高效访问，在数据入库时必须设计快速的空间索引算法。因此系统采用成熟的四叉树算法，在空间数据入库时采用多个线程存取数据和建立索引，不仅提高了数据的入库速度，而且优化了数据的查询性能。

在关系数据库中，建立属性项的索引可加快属性数据的查询速度。同样，在空间数据中通过建立图层的空间索引，可以避免检索整个表，减少索引的数据记录数量，从而减少磁盘输入（输出）操作，加快对空间数据查询的速度。属性项的索引采用网格索引。网格索引是将空间区域划分成大小合适的正方形网格，记录每一个网格内包含的空间实体，以及每一个实体的封装边界范围，即包围空间实体的左下角和右上角坐标。当用户进行空间查询时，首先计算出用户查询对象所在的网格，然后通过网格号，就可以快速检索到所需要的空间实体。

建立空间网格索引的关键是确定合适的网格级数、单元大小。网格太大，在一个网格内有多个空间实体，查询检索的准确度低；网格太小，则索引数据量成倍增长和冗余，检索的速度和效率低。因此建立网格时主要遵循下列基本原则。

——对简单要素的数据层，尽可能选择单级索引网格。减少 RDBMS 搜索网格单元索引的时间，缩短空间索引搜索过程；

——如果数据层中的要素封装边界大小变化比较大，应选择二或三级索引网格；

——如果用户经常对图层执行相同的查询，最佳网格的大小应是平均查询空间范围的 1.5 倍；

——网格的大小不能小于要素封装边界的平均大小，为了减少网格单元超过要素封装边界的可能性，网格单元的大小应取平均网格单元的 3 倍左右；

——网格单元的大小不是一个确定性的问题，需要多次尝试和努力才会得到好的结果。有一些确定网格初始值的原则，用它们可以进一步确定最佳的网格大小。根据空间索引设计原则，试验、优化、确定各个空间数据层索引网格大小，建立矢量数据索引。

2）影像数据

影像数据入库时通过构建影像金字塔，将影像数据存储于 Oracle 数据库中，采用关系数据库来存储栅格数据，栅格数据以分块的形式存储，实现对栅格数据动态提取和无缝漫游访问。

对影像数据建立高质量的影像金字塔索引，实现任意缩放比例尺下的影像快速显示。影像金字塔中，各层数据以最小分辨率为底层，通过逐级抽取数据，建立不同分辨率的栅格数据金字塔结构，逐级形成较低分辨率的栅格数据。由于各类数据分辨率不同，调用情况不同，为了提高浏览和显示速度，需要为每一个影像数据层建立多级金字塔结构，该结构在不断优化调整中产生。

3）高程数据

对于矢量形式的数字高程数据如高程点、等高线等可以直接存储在矢量分层数据中，而网格 DEM 数据则可以用正射影像数据的管理形式进行平面无缝的组织，从而可与矢量数据和影像数据进行叠加和集成。

4）元数据

按照标准规范建立城市、测区、图幅、实体级的元数据，满足数据应用、更新、维护的需要。

5）数据优化组织方式

为保证系统管理效率，数据优化组织方式采用了下列措施。

（1）空间数据库模式设计。在实际的空间要素数据集中，控制图层数量在一个较为合理的范围，即不因图层数量太多而增加数据集加载时间，同时也不因为图层过少而增加信息筛选和提取的复杂度。采用一个较为适中的图层数量，并以编码方式区别于某个图层中的不同要素，达到图层数量与符号表达这两方面的平衡。

（2）空间索引。为了提高空间查询的性能，采用空间索引的机制。一个覆盖整个要素类的两维索引，类似于一般道路图上的索引网格。可以赋予三层空间索引网格，每个网格层都具有自己的网格大小。第一层网格为必需，它的网格尺寸最小；而第二和第三层网格可选，它们的网格可以通过设置为 0 使之无效；如果有效，第二层网格尺寸必须至少比第一层网格大 3 倍，而第三层网格尺寸也必须至少比第二层网格大 3 倍。考虑需要多少个网格层次，而且记住服务器为每个网格层次扫描一次空间索引表。一个网格层次通常对应一个要素类，就是最好的解决方法，即认为将几何图形分布在多个不同的网格层次可以减少空间索引表的入口。

（3）Oralce 数据库参数调整。Oracle 数据库参数调整主要在于配置合理的 Oracle 数据库内存参数和存储参数。

3. 软件架构

整个系统架构基于网络平台上，采用业界标准三层结构，即数据层、业务层和表现层（见图 6.2）。业务层基于功能构件库组装而成，功能构件库是整个基础地理信息数据库管理系统的动力引擎，它不仅提供给用户根据自身应用需求进行系统定制的方法，而且在现有功能件的基础上可以自行完成功能件的扩展和集成，使得系统的层与层之间的关系相对独立、相对稳定，从而保证了系统高度的伸缩性和良好的扩展性。

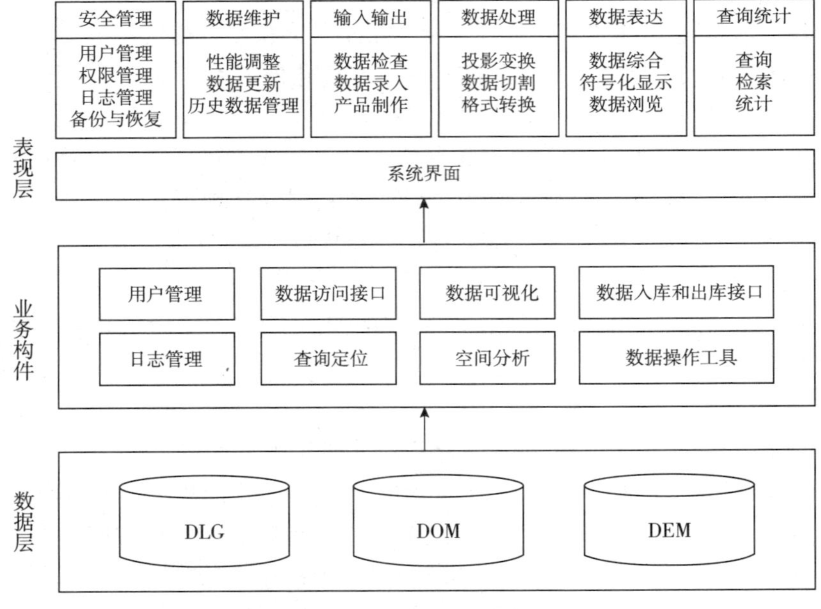

图 6.2　“数字临沂”的软件架构

1）功能构件库及其关键技术

功能构件库的基本思想是把 GIS 系统的采集、处理、可视化、输出、存储等方面的各大功能模块划分为几个控件或对象，每个控件和对象完成不同的功能，各个控件（对象）之间，可以方便地通过可视化的软件开发工具集成起来，形成最终的 GIS 系统。控件和对象如同一堆各式各样的积木，它们分别实现不同的功能（包括视图功能、数据编辑功能、数据查询功能等），根据需要把实现各种功能的“积木”搭建起来，构成应用系统。

依据软件构件复用的思想建设“数字临沂”，采用迭代化软件开发方法，保证功能构件库的稳定和强大；提供插件技术框架，用户可非常容易地开发出独立的插件模块，进而对实例系统进行功能扩充。

（1）构件复用原理。COM 是一个二进制的标准，它详细规定了一个 COM 组件所应具有的内存结构。COM 对象间的交互完全基于对此内存结构的操作。因此可以在很大程度上忽略不同编程语言、应用环境之间的差别，解决了重新编译、重新发行的问题。二进制代码级的兼容性要求操作系统的支持，但是 COM 描述对象连接的方法与传统的 API 式共享系统服务不同。连接建立后，COM 底层库不再需要，停止耗用系统资源，与传统 API 相比，操作系统必须一直管理组件之间的连接。COM 用接口的概念对组件的功能属性进行完全的封装。与组件的通信必须通过接口进行。接口不仅是一个逻辑上的概念，而且也存在着与之相对应的物理内存结构。一个对象可以对应多个接口，一个接口也可以由多个对象实现，表现出灵活的多态性。同时也为版本管理提供了方便。当使用新版本组件替换老版本时，只要该组件实现了旧版本的接口（通过包容、聚合等手段），就保证了其与原用软件系统的兼容。同时新增功能、新的接口又可被自然地使用。接口完全封装了内部功能和属性的具体实现过程，使得 COM 对象对外表现为“黑盒”，完全吻合面向对象系统所要求的“强内聚性”。但由于对接口的过多强调，COM 组件一般不具备广泛提倡的“弱耦合性”的特点。不过，微软公司一向重视接口的不变性，试图用接口的标准化推动服务的标准化，以接口为基础为软件复用建立实用的框架。其实 ActiveX 技术规范中的相当一部分就是通过定义标准的接口及其相互之间的逻辑关系来确定的。

（2）关键技术。构件复用旨在利用已有构件创建新构件，提高组件软件开发效率。微软公司 COM 对象组件技术历经 OLE1、VBX 组件、OLE2、COM+ 的不断完善，现已成为一个相当成熟的组件模型，对构件复用提供了有力的底层支持。在组件软件开发中，有时需要对原有的 COM 组件的功能进行扩展或改造，以使其满足特定的使用要求，并希望用改造后的组件代替原有组件。在 C++ 中，对类的改造或扩展是通过类组合和继承来实现的；在 COM 中，则通过包容 (containment) 和聚合 (aggregation) 来实现。包容和聚合其实是一个组件复用另一个组件的技术，而功能构件进行复用和扩展正是采用了该技术。

2）功能构件库划分原则

设计组件式的 GIS 构件库，需要根据功能划分为多个控件或对象。划分控件和对象需要根据不同的数据结构和系统模型进行具体分析，要考虑以下几个方面的问题：

（1）控件间差别最大、控件内差别最小；

（2）纯设计用模块与将随集成系统发布的模块分开，如地图符号编辑应与空间查询分析等模块分开；

（3）相同显示窗口的模块尽可能设计在同一个控件里，如矢量数据的显示与栅格数据的显示应用同一控件完成；

（4）处理相同数据文件的模块尽可能设计在同一个控件里；

（5）剔除空间查询分析控件中不必要的内容。

3）功能构件库的建立

“数字临沂”结合领域需求分析，并遵循上述构件划分原则，依据第 2 章的管理系统功能要求，将功能构件库按功能类别划分 9 大类（见图 6.3），数据管理系统可以此为基础进行构建。

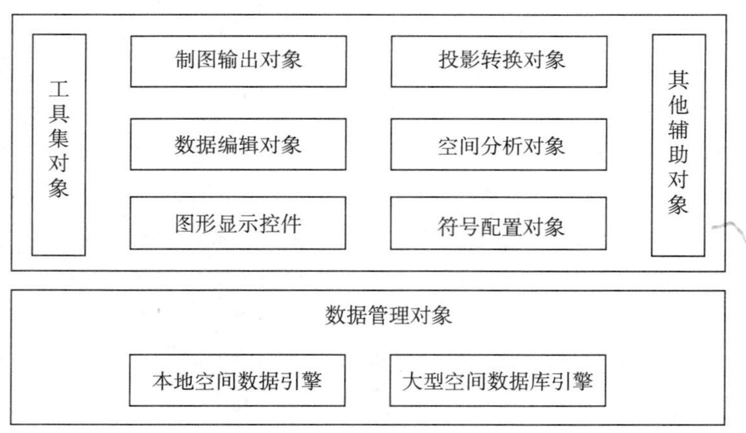

图 6.3 “数字临沂”功能构件库的划分

（1）图形显示控件：地图操作、地图缓存、标注、专题图、地图淡化、图层控制。

（2）数据管理对象：数据库连接、用户管理、日志管理、导入导出、备份与恢复、数据更新。

（3）符号配置对象：点符号配置、线符号配置、面符号配置。

（4）空间分析对象：量测分析、查询分析、统计分析、叠置分析、缓冲分析。

（5）数据编辑对象：几何对象、属性数据、栅格数据、元数据。

（6）投影转换对象：矢量数据转换、栅格数据转换。

（7）制图输出对象：打印设置、打印范围、打印比例、图面整饰。

（8）工具集对象：数据裁切、格式转换、空间索引、影像金字塔、选择工具。

（9）其他辅助对象：工程配置、符号制作与编辑、加密、水印。

4. 模块概述

基础地理信息系统管理的数据包括矢量地形图、DEM 数据及正射影像以及各种元数据等。这些数据用 ArcSDE 数据库进行管理。系统在功能构件库基础上进行模块组合，主要模块包括数据加载模块、图层控制模块、GIS 表现模块等，用来实现地图浏览查询、图形编辑等相关功能。功能模块组织如图 6.4 所示。

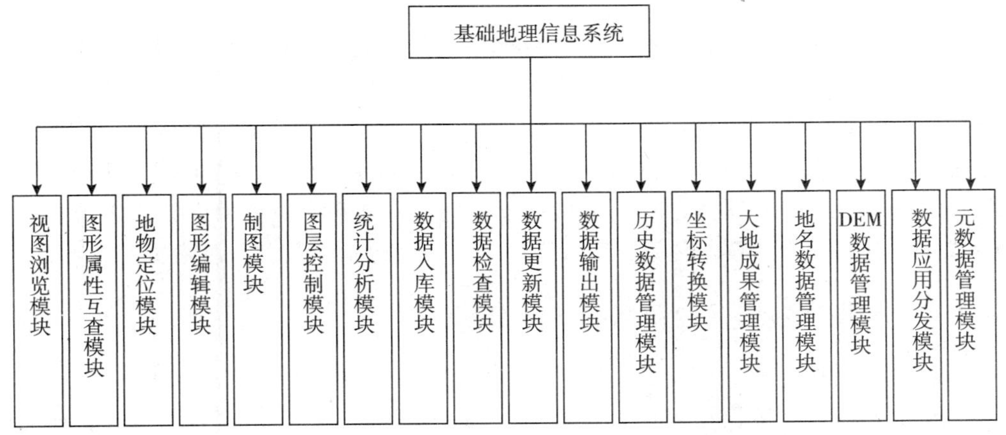

图 6.4　基础地理信息系统功能

6.2.3　平台特点

“数字临沂”在原有的基础测绘成果基础上，采用现行的测绘仪器及技术方法，遵循国家和行业标准，采集、更新与完善了覆盖临沂市多尺度的数字线划图、数字正射影像图、数字高程模型、地名数据和三维数据等，并构建了基础地理信息管理系统，面向多尺度、多类型、多时态的空间数据进行一体化管理。具有如下特点。

（1）先进性。以面向对象的方式统一多个尺度数据，具有适用性和先进性，开创了国内城市基础地形数据建库的新思路、新方法，使整个数据库建设和设计处于领先地位，确保能够适应现代化信息技术高速发展的要求。

（2）实用性。与现有国家、地方和行业标准规范相衔接，充分考虑了临沂市的实际情况，并在临沂市城区数据的实际生产和建库中得到初步应用。同时，数据库的结构设计充分考虑到今后数据的应用方向，提高了地理名称、地理要素对象化处理工艺要求，使数据的适用面更加广泛。

（3）高效与安全性。实现了空间数据与属性数据的一体化存储、管理和应用。支持海量数据的存储、管理，支持大量并发访问。具备在网络环境下空间数据导入导出、数据编辑、数据裁切、格式转换、投影转换、金字塔和索引建立、数据浏览、数据查询、地图符号化、打印输出、数据备份与恢复、数据更新维护、日志和用户管理等功能。取代了传统网络共享文档管理模式，提高了数据的安全性。可以实现不同类型数据的叠加，利用 GIS 软件强大的数据分析功能为业务办理提供有力的辅助。基于数据库管理的 GIS 平台，使得数据共享变得更加安全和容易。

6.3 从基础地理信息到平台数据

“数字临沂”地理信息公共平台数据是在基础地理信息数据的基础上，根据地理信息公共平台的原理方法，严格遵守国家和行业的相关标准规范，通过要素删除、信息扩充、图形组织以及保密处理等工艺后加工完成的数据集，它与基础地理信息有联系，又有本质的区别。依托中国测绘科学研究院自主研发的纯国产技术 NewMap DMP 软件，制定了从基础地理信息到平台数据的完整工艺流程，形成了平台数据生产技术体系，高效完成了全市地理信息公共平台数据集的制作。

6.3.1 基础数据与平台数据的比较分析

1. 地图表达

基础地理信息数据在表现方式上仍然是一系列点、线、面要素的组合，如面向大量非专业人员的政府或公众用户使用，还需要进行符号化和可视化的配置，包括点状符号、线型、面的填充等操作，形成具有良好用户视觉感受的地图。基础地理信息数据和平台数据在数据模型方面有本质区别，从某种程度上说，这也是 GIS 数据和地图制图数据的差异。

一方面，对于 GIS 数据，其空间分析功能应该是最基本的功能和最突出的特点，因此其位置准确性、要素完整性与逻辑一致性是最重要的。另一方面，地图表达的主要目的是信息传输，制图者根据经验对现实中的要素和属性进行抽象，将有用的信息传输给读者。因此，制图数据重在传输的准确性和视觉一致性，更注重数据的灵活性和视觉感受性。

GIS 可以进行图形表达，最基本的含义是地理数据的屏幕显示，即用户在选择了视觉变量（尺寸、色彩、纹理等）的基础上，进行全要素的显示、分图层的显示或分区域的显示等。但是，这样表示的不同属性的地理数据只能用不同的尺寸、色彩、纹理来区分，达不到数据形象化表达的效果。GIS 图形表达是对原始数据或者是原始数据分析结果的可视化，它们的产品不是地图，因为这些产品缺乏地图用于传递空间信息的元素，只是数据科学可视化的图形表示形式，让用户能更好地理解数据。

地图符号化表达的具体实现是复杂的，因为符号领域本身就有复杂的特性，这种复杂性不仅在于用来描述地理要素的符号类型有点、线、面三类，同时，每一种符号对地理要素的表达还要取决于符号的四个视觉变量：尺寸、形状、图案和色彩。地图的符号表达，是根据符号语言的形象化来表示现实世界的典型特征的。地图符号给予地图极大的影响，决定着地图内容能否充分表达、地图是否便于阅读和使用、地图信息的传输效果等。地图之所以能够表示各种复杂的自然或社会现象，一个主要的原因是它拥有一套完整的、科学的地图符号系统，与风景画和相片等截然不同。图 6.5 显示了“数字临沂”地理信息公共平台建设中，原始 GIS 基础数据与加工处理后的平台地图数据之间的对比。

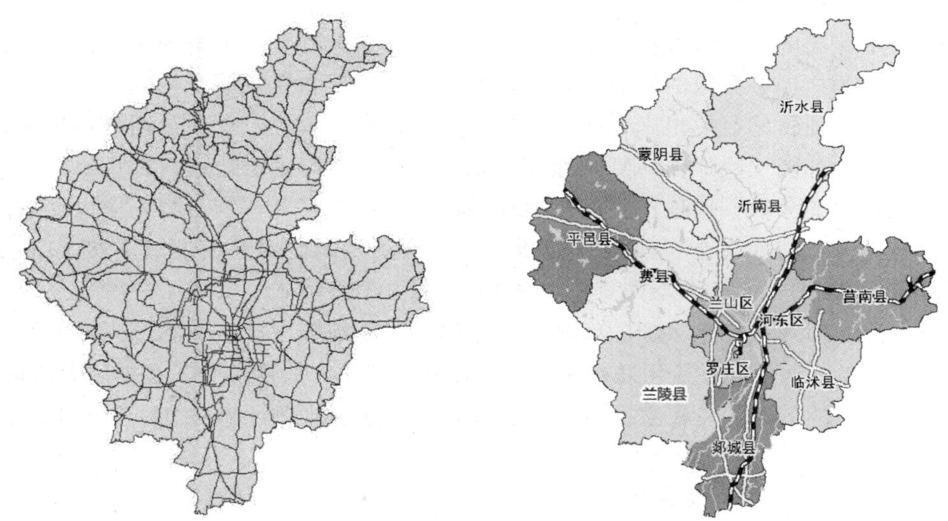

图 6.5　GIS 图形表达与地图表达效果对比

2. 多尺度无缝集成

空间数据的多尺度集成与表示是符合人类推理习惯的一种自然表达方式。作为一种分析和思想方法，它不仅仅是为了使 GIS 能自动化地、合理地、且自适应地提供多种详细程度的空间数据，实现空间数据的多尺度可视化，同时也是一种更自然的空间认知和空间分析方法。基础地理信息数据库存储大地测量数据、数字线划图数据、数字高程模型数据和数字正射影像数据四个分库，分库又根据比例尺和分辨率的变化细化为子库，但这些子库之间一般没有建立关联关系。

公共平台服务需要将这些多尺度数据无缝集成，使用户在体验平台时能够流畅地感知现实世界的空间状况，无须不停地切换。多尺度无缝集成需要解决以下几个关键技术问题。

1）比例尺变化粒度适宜

首先是数据库的多尺度表达要“多”到什么程度，即在比例尺变化轴上如何划分“刻度”或“粒度”，类似于视频技术中每秒存储多少“帧”的确定。比例尺变化粒度划分太大，是离散的跳跃式表达，不能获得连续的效果；比例尺变化粒度划分太小，会大大增加数据量。如何划分合适的比例尺变化粒度取决于应用过程中感兴趣信息内容的层次结构。比如，用户感兴趣的是河流流域的网络结构，划分的粒度达到河流目标层即可，没有必要将河流的弯曲演变出来。如果用户感兴趣的是河流的分布，则要深入到弯曲层次，逐步地将河流的曲线表达由概略到详细的过程演变出来。总体上，对比例尺变化粒度的划分的原则为：发生变化的对象层次比感兴趣的信息内容的层次低一级。

2）地图载负量合理

与单一尺度的空间数据库相比，多尺度数据库无疑会大大增加地图信息量，如何在计算机屏幕有限的容量下，处理好信息传输量和视觉感受量的平衡关系，将重要的地理目标显示出来，而不重要的地理目标在放大过程中逐渐显示出来，每一次显示都能反映地图的复杂性和要素的多样性。而决定地理目标重要性是一个结合要素的分级、地理位置以及地理目标多样性的综合评判过程，应以要素的重要性为基础进行图形的细节分层研究。可采用相同比例尺的细节层次（Level of detail, LOD）表达和不同比例尺的LOD表达两种模式，实现了一种变焦式的缩放模式，即对用户感兴趣的区域进行局部放大至细节层次，而不感兴趣的区域则保持不见，这样一是给用户带来一种立体式的感受，二是减少了数据的通信量，提高了网络响应速度。在数据组织的层次上，建立了地理目标LOD1和LOD2之间1对 n 的对应关系。

3）自适应地转换与表达

主要针对表达介质的尺寸差异以及表达尺度的不同使用不同的界面、颜色、符号、表达尺度以及显示内容，建立个性化的表达方式，提高对复杂空间现象的理解和认知，实现数据的协同可视化和交互式分析与共享。为了满足自适应表达的需求，“数字临沂”应用了自适应离散变比例尺和自适应连续变比例尺两种方法，可根据某一重点要素的分布情况，如道路网的密度、显示的区域范围，自动地调节多级比例尺地图显示的起始和终结比例尺，实现同一屏幕上多比例尺的集成显示，扩大显示的内容范围，有效地解决了固定屏幕上显示信息量不足的缺陷。

3. 地名扩充

调研表明，政府及各部门拥有的大量业务信息都与地理空间位置密切相关，但是这些信息几乎都没有空间坐标，因此无法与地理空间信息整合，无法实现可视化的空间分析。为了建立这种空间与非空间信息之间的联系，地名地址正是专题信息与地理空间信息叠加或匹配的“桥梁”，是建立这二者之间联系的最重要且最实用的手段。

为此，地名地址信息为建立地理信息公共平台的主要内容之一。为切实满足各类用户的实际需求，遵照《数字城市地理空间信息公共平台地名 / 地址分类、描述与编码规则》和《数字城市地理信息公共平台地名地址编码规则》的要求，结合临沂城市实际，地名地址信息包括行政区域地名、街巷名、小区名、门（楼）牌址、标志物、关注点等类。

（1）行政区域地名。行政区域就是行政管辖范围，包含市级、县级行政区划范围。行政区域地名是该行政区域规范名称的文字描述。结合城市实际情况，行政区域地名数据应包括市、县（区）、乡（镇）地名。

（2）街巷名。街是明确划分出车道和人行便道的通行区域；巷是较窄街道，如胡同、里、弄等。街巷名是该街巷规范名称的文字描述。街巷名应包括街、巷两级子类。

（3）小区名。小区是具有地理区位意义或居民点内部的区域，如自然村落、居民小区等。小区名是该小区规范名称的文字描述。

（4）门（楼）牌址：分门牌地址和楼牌地址，门牌点定位在房屋边线、大门中线、围墙边线、道路中线等上。住房、办公、厂房等主要房屋建筑均需按实际单体确定楼址，楼牌号（房号）一般定位在对应实体的概略中心点（最低要求在房屋边线内）。

（5）标志物。具有地名意义的纪念地，包括建筑物、广场、体育设施、名胜古迹等。具有地名意义的地理概念如梅湾街、南门等。具有地名意义的交通运输设施如桥梁、公路环岛、交通站场等。标志物用对应实体的几何中心点坐标表示。

（6）关注点。临沂市公众关注信息按 12 大类 112 亚类进行采集。

地理信息公共平台中地名地址信息的采集方案如图 6.6 所示，基于 1:500、1:1 000、1:1 万、1:5 万数字线划图数据和 1:2 000 正射影像图数据，提取地名地址信息数据，通过外业进行调查、核对，最后形成地名地址数据。

经过上述工作，地理信息公共平台中具备了满足如下技术要求的地名地址信息：

（1）地名地址以对应实体的中心点位置表示；

（2）坐标位置准确；

（3）属性信息符合国家规范；

（4）地名信息覆盖全市域，单位名信息覆盖市区。

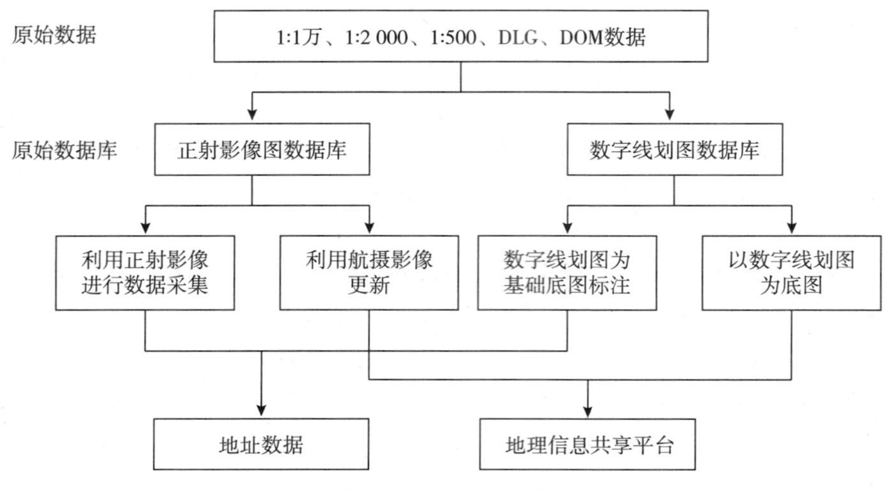

图 6.6 “数字临沂”地名地址信息采集方案

4. 要素与瓦片一体化组织

地理信息在线服务通常处理的是海量数据，在应用中往往需要大量的即时交互、频繁的服务器通信及数据传输，以往的做法对于客户端提交的请求，多数利用实时计算模式，即由服务器端接收客户端提交的各项参数，实时计算生成客户端用户请求的图形，再反馈给客户端。这一做法在效率和图形效果方面都难以令客户满意。随着科技的发展，地图预生成技术日益成为普遍采用的方式。

预生成思想，就是在网络终端提交请求之前，事先生成客户端常用的数据，并存放在服务器端，一般是将指定范围的地图按照指定尺寸和指定格式切成若干行列的矩形图片，切图所获得的地图切片叫瓦片 (tile)。举例来说，利用瓦片地图技术将整块地图根据需要，进行纵向分级和横向分幅，并对不同等级地图间采用四叉树数据结构（这种结构有助于切图和显示），即某一级上的 1 张瓦片到高一级上将裂变成 4 张瓦片。地图瓦片一般采用包含地图等级行列数的方式来命名，如 zoomx_row_column，其中 x 表示地图等级，row 和 column 分别表示当前瓦片所处的行数和列数。瓦片按照上述命名规则进行自动命名、保存，瓦片位置和地理坐标间可以通过公式进行正向反向计算；切好的地图瓦片预先存储在服务器端的虚拟目录中以方便访问。

瓦片地图技术的最大优点在于发出地图请求后，系统响应速度快，且具有良好的用户体验。但瓦片地图毕竟只是一种图片，只能满足地图浏览（包括可以快速地连续拖拽、缩放和漫游）等简单需求。平台在线服务系统发布服务的信息内容复杂、数据量大，为保证客户端数据浏览快速和空间分析准确，宜采用要素与网格一体化的数据组织，根据要素类型、几何特性、数量等内容，实时计算数据分层数目以及每层网格单元大小，建立动态网格空间索引，智能化分配内存单元，实现空间数据的高效调度以及瓦片地图上的地理要素快速识别，并实现如空间统计、最短路径、网络、缓冲分析等空间分析。

5. 保密处理

根据国家测绘地理信息局和国家保密局联合颁发的《测绘管理工作国家秘密范围的规定》（国测办字〔2003〕17 号），分析现有基础测绘成果，90% 以上属于密级资料，仅有 1:100 万及更小比例尺的少量数据为公开资料。同时，《中华人民共和国测绘成果管理条例》第十六条规定：“利用涉及国家秘密的测绘成果开发生产的产品，未经国务院测绘行政主管部门或者省、自治区、直辖市人民政府测绘行政主管部门进行保密技术处理的，其秘密等级不得低于所用测绘成果的秘密等级。”因此依托基础地理信息数据整合加工形成的地理信息公共平台数据也是涉密的。

基础地理信息涉及自然、经济、社会、文化等诸多要素，这些地理要素最大的特点是与地理空间相关。每一个要素都可以从几何特征、属性、图式、拓扑特性、要素关系和数据质量、元数据等部分来共同描述和定义。其中，元数据、数据质量、拓扑是对地理信息数据本身的说明，不涉及地理信息保密内容。图式是地理信息数据在地图上的符号化表达形式，也不存在保密问题。在自然界中有些要素之间存在很密切的关系，根据某些要素信息可间接获取相关要素信息。几何特性中包含形状、大小、方位以及坐标等数学基础信息，属性表达了要素的自身多重信息。因此，要素的保密应体现在以下方面：

（1）数据的精度在一定范围内；

（2）要素的某些属性不能公开或共享；

（3）要素表达的内容本身就是保密信息，不能在地理信息数据或地图中出现。

当涉密数据需要在非涉密的环境下服务时，应采用国家测绘地理信息行政主管部门规定的统一方法进行保密处理，保密处理技术包括对数据涉密内容、属性和空间位置精度的处理。

6.3.2　构建平台数据生产技术体系

为了实现从基础地理信息数据到公共平台数据的快速生产，依托 NewMap DMP，构建了平台数据生产技术体系。该体系具备数据整理、多尺度集成、符号化、瓦片输出、地名地址编码等加工转换功能，可进行方便的地图可视化处理，并且直接输出平台发布配置文件，经过系统处理的地理信息公共平台数据可直接通过地理信息公共平台进行网络发布。通过该体系，可以对发布的地理信息公共平台数据配置美观的地图符号，并可以根据数据不同的属性分别赋予不同的符号；可根据需要对各种比例尺的地理信息公共平台数据层集成配置，进行最大、最小可视比例的设置来增强地图可视效果；可对地图注记进行方便的设置，并支持多种注记排列方式、注记避免重叠、注记阴影等注记设置；可直接输出供地理信息公共平台使用的地图配置文件，并可直接进行地理信息公共平台的瓦片缓存生成，并且支持自定义分组输出、输出比例尺设置、自定义输出范围、自定义多种输出格式等。

平台数据生产技术体系基于构件组装理念，实现数据的浏览、符号配置、多尺度数据关联及自适应可视化、输出等功能。

6.3.3 特点

通过深入比较和分析临沂市基础地理信息数据与平台数据之间在地图表达、多尺度集成、要素组成、图形组织和保密处理等方面的区别，形成从基础地理信息数据库到平台数据（分政务用电子地图和公众用电子地图）的技术流程。利用 NewMap DMP 构建平台数据生产技术体系，可以灵活地实现地图表达、多尺度无缝集成、地名地址扩充以及地理信息公共平台数据发布等功能，从而在技术上为基础地理信息数据库和平台数据集之间搭建便捷、畅通的科学工具。

实施过程中，制作了面向平台的政务用和公众用电子地图数据。其中，政务用电子地图数据总数据量 1.2 TB，包含覆盖全市域 17 184 km^2 的 1:5 万、1:1 万比例尺数据、市区及周边 490 km^2 的 1:1 000、1:500 比例尺数据，以及覆盖全市域地名数据的二维电子地图；全市域 17 184 km^2 的 1 m 分辨率影像，以及全市域地名数据的影像电子地图；全市域 17 184 km^2 三维模型数据以及地名数据的 2.5 维电子地图；北城新区约 25 km^2 三维模型数据以及地名数据的三维电子地图。

制作的公众用电子地图数据总数据量 1.0 TB，包含以政务地图数据为基础，经精度降低处理、属性删减，同时增加社会公众关心的信息。

6.4 “数字临沂”地理信息公共平台建设

“数字临沂”地理信息公共平台依托政务网和公网，通过在线方式满足政府及各部门、企事业单位和社会公众对地理信息和空间定位、分析的基本需求，具备个性化应用的二次开发接口和可扩展空间，为临沂市经济社会发展和城市信息化提供了强有力的空间支撑。

6.4.1 平台架构

“数字临沂”地理信息公共平台由运行支撑层、数据层、服务层和应用层等四个具有内在联系、层次结构分明的层次有机组成，其平台结构如图 6.7 所示。

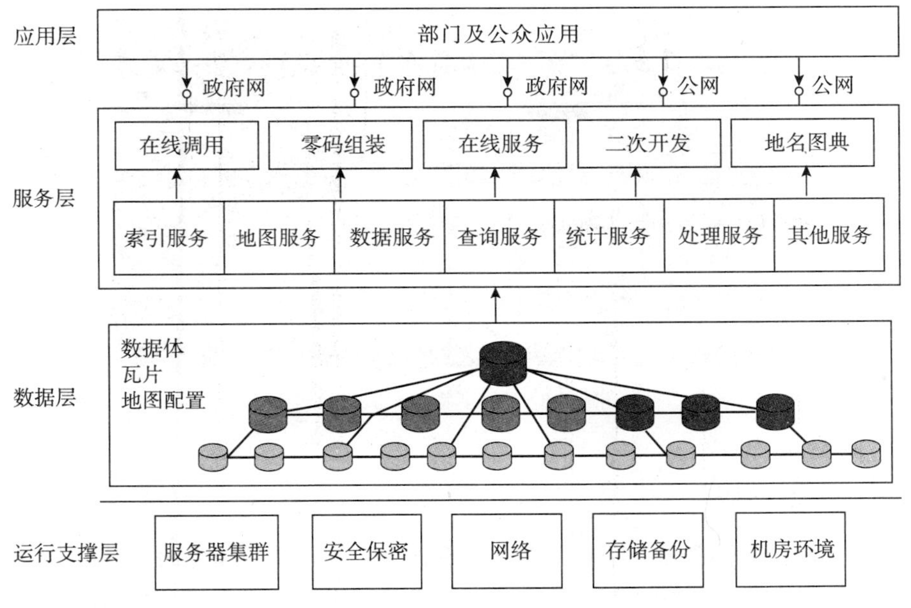

图 6.7　“数字临沂”地理信息公共平台架构

运行支撑层主要是构建基于政务网、公网的网络接入环境，以及数据库集群服务、存储备份、安全保密控制和管理的软硬件环境。

数据层主要是依托基础地理信息数据提取部分要素和内容，并应用平台数据制作系统进行多尺度无缝集成、可视符号配置、地名地址扩充、地图瓦片输出等整合加工，形成平台数据体、瓦片、地图配置文件三种组织方式协同服务。

服务层通过在线调用、零码组装、二次开发、在线服务、地名图典等多种形式的地理信息服务（见图 6.8），提供信息化时代地理信息集成与共享完整解决方案，满足不同部门、不同用户的多样化需求。具体而言，其集成了矢量、影像、三维、地名等多种类型的地理空间数据，依托政务网进行发布，具备专题信息加载、查询统计、空间分析、可视输出等直接应用服务功能，可以满足政府及各部门的一般性空间定位需求；提供了专题系统的零代码快速封装服务，无需编程和代码编制，完全可视化的定制个性化专题应用系统；提供了包括地理信息目录服务、OGC 标准服务、地图服务、要素服务、数据处理服务、网络分析服务、地理编码服务、三维服务和 LBS 服务等九大类地理信息服务，用户可根据自身实际需求和基础情况使用第三方工具开发应用系统；二次开发接口提供了丰富的二次开发 API 函数，可以在平台所提供功能的基础上进一步扩展，实现个性应用的开发。

应用层根据不同行业部门的应用需求，通过不同服务方式，提供部门应用。

图 6.8　“数字临沂”服务模式

6.4.2　数据内容

为了兼顾地理信息公共平台在线服务的效果与效率，充分满足政府及各部门与社会公众对地理信息的基本需求，平台数据分数据体、瓦片、地图配置文件三种组织方式协同服务。

（1）数据体。从基础地理信息数据经提取、扩充、重组形成的平台数据集，以原始数据体方式支撑在线空间定位、查询与分析等功能的高效实现。数据分八大类，数据量达 150 GB。

（2）瓦片。将平台数据集进行符号配置，形成视觉效果好且易于用户理解与阅读的地图，并按照预生成思想生成地图缓存，以瓦片地图方式支撑高并发的地图浏览调用。数据按比例尺分 10 级，数据量达 300 GB。

（3）地图配置文件。用于描述地图及图层的空间范围、数据源、投影、符号库、要素与瓦片索引等信息的地图配置文件，支撑多尺度数据的可视化表达转换以及多尺度数据间的关联。

1. 数据体

“数字临沂”地理信息公共平台定位于满足政府各部门的信息化建设需求，这些部门包括发改委、民政、农业、教育、卫生、文化、环保、林业、旅游等。调研分析表明，在这些政府各部门的信息化建设过程中，一般只需非常简洁的 GIS 数据作为支撑，而非完整的地形图数据，一般很少用到诸如控制点、等高线等一些非常专业的测绘要素；但同时他们要求空间数据能够满足部门专题信息便捷叠加的需要。因此，为构建真正能够适应城市信息化建设需要的地理信息公共平台数据集，首先须明确平台数据集应包含的数据内容。

通过调研分析，平台数据中的数据主要分为两大类。一类是从基础地理信息数据库中提取的公共性、框架性要素，包括境界、道路、水系、居民地等内容；

一类是为便捷专题信息挂接所扩充的地名地址数据，结合基础数据中的地名要素，地名地址数据包括行政区域地名、街巷名、小区名、门(楼)牌址、关注点名等内容。

地名地址数据按照描述范围的粒度分为行政区域地名、街巷名或小区名、门（楼）牌址或标志物名三个层次，关注点根据其行业性质分为公共管理、公司企业、交通运输、金融保险、房产楼盘、生活服务、住宿餐饮、休闲娱乐、旅游服务、医疗卫生、文教科研等。

2. 瓦片地图

地理信息公共平台在线服务的信息内容复杂、数据量大，如果使用传统的WebGIS进行实时地图服务请求，不但地图生成的质量和效率得不到保证，而且对地图服务器的负载也较重。为了保证客户端数据浏览快速，平台采用了基于瓦片地图缓存的服务框架，即TMS服务。地图瓦片是在网络终端提交请求之前，事先将客户端的地图数据按照指定尺寸和指定格式切成若干行列的矩形图片。与当前网络电子地图统一采用单一图层表现所有地图数据不同，平台在表现地图上采用适度分类的分层瓦片来表现基础地图和专题地图信息，形成 x、y、z 三个方向分层瓦片的组织方案，如图 6.9 所示。

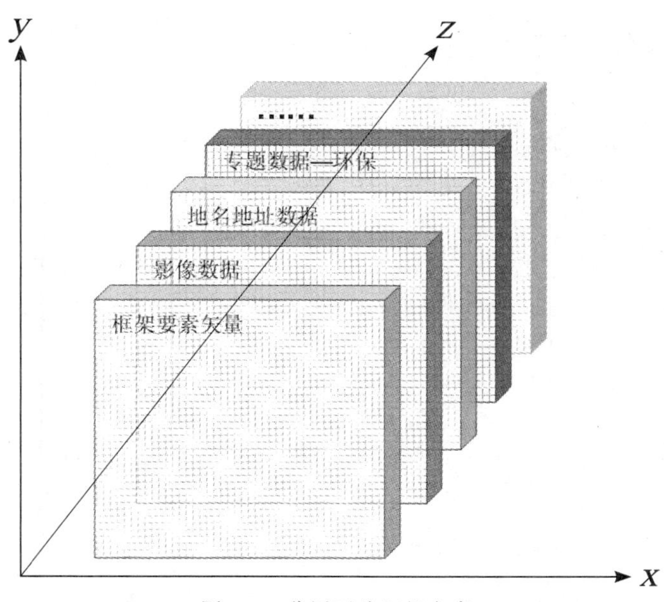

图 6.9　分层瓦片组织方案

瓦片按照上述命名规则进行自动命名、保存，瓦片位置和地理坐标间可以通过公式进行正向反向计算。当客户端发出请求时，服务器并不需要实时运算生成这幅地图，而是根据地理坐标与地图瓦片位置正向反向计算公式计算需要哪些地图瓦片，并直接从服务器端调用相应的瓦片，然后客户端根据下载的应用以及瓦片的名称自行无缝拼接。

在参考第 3 章图 3.2 和表 3.3 的基础上，结合临沂市地理信息数据的范围和地图比例尺，设计使用 10 级目录的保存方案，地图数据由大量正方形图片组成，每个地图图片都有坐标值，由 X 和 Y 值构成。比例因子取值范围是 0~11。Web 服务器中的地图缓存是一个包含了不同级别地图瓦片的目录。一个级别的缓存被组织成一个三维的网格，每一组图片与其目录结构相对应，其目录结构中包含的下级目录是按照不同行来分布的。同行切片是同一级比例，其像素尺寸用户可选择，如 128、256、512 像素尺寸，在此采用 256 × 256 的切片，图像格式是 PNG，图片根据默认的透明度设置背景颜色。瓦片的逐级组织方式如图 6.10 所示。

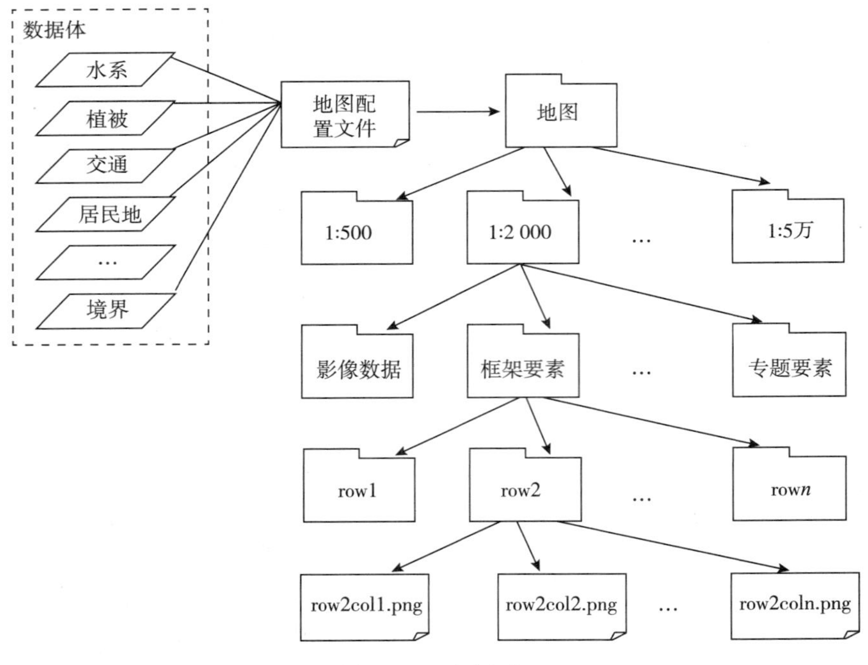

图 6.10 瓦片组织

3. 地图配置文件

地图配置文件记录了有关地图对象和图层的信息，包括地图对象的空间范围、数据源信息、比例尺、符号库、投影、坐标系、单位等信息，图层对象的名称、对象类型、数据源形式、所在数据分组、可视状态、可见最小比例尺、可见最大比例尺、坐标系、渲染效果、符号、注记等信息。

6.4.3　地理信息服务

1. 在线调用

键入网址，直接使用地理信息平台的数据和功能服务，包括专题信息加载、查询统计、空间分析、可视输出等。本模式适用于应用需求较为简单的部门。

2. 零码组装

零码组装不需编程和代码调试，通过零码组装器完全可视化的定制个性化专题应用系统，实现专题系统的动态装配与快速搭建（见图 6.11）。本模式适用于部门对专业系统的个性化要求较高，希望能快速搭建系统，但不具备熟悉 GIS 开发的人员。

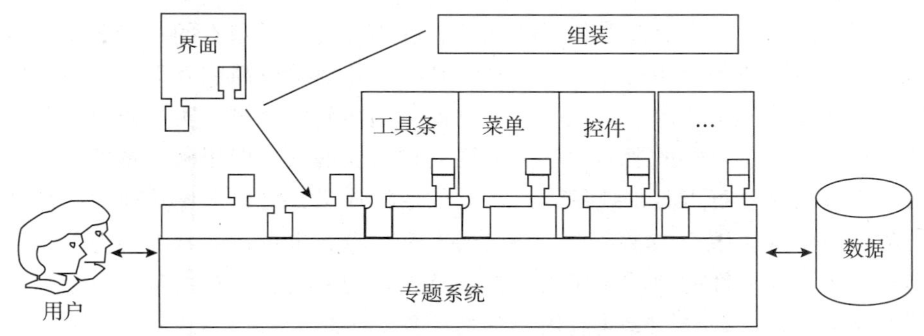

图 6.11　零码组装

零码组装的特点：①无须开发程序代码，轻松定制行业 GIS 应用解决方案；②通用性——引入全新的通用建模理论，利用建模工具快速搭建行业应用模型，实现 GIS 应用的行业定制；③可视化定制——组装工具可以提供可视化界面，可以对构成专业系统的用户界面、用户权限、业务逻辑、数据库结构、GIS 图层和图形符号进行自由定制，不需专业编程就能快速建成系统，并满足不同用户的业务需求；④功能易扩展——定制的应用系统可以根据用户需求自由扩展系统功能，无须修改任何程序代码；⑤系统多架构、跨平台：平台可以构建 C/S、B/S 及 C/S + B/S 混合架构的 GIS 应用解决方案，支持跨平台及多种数据库。

零码组装理念彻底改变了 GIS 应用开发的传统模式，以零代码定制的方式代替复杂的程序代码开发，在不开发代码的前提下，通过可视化的定制工具，实现GIS常用功能、GIS图层和图形符号以及数据库表和表结构、用户界面、用户权限等基本要素的自由定制，快速搭建满足不同行业业务需求的GIS应用解决方案。开发周期可以缩短为传统模式的二分之一，同时降低一半的开发成本。从而开创了零代码、跨行业、快速定制GIS行业应用的先河。此外由于平台可以根据用户需求的变化而随需应变，只要修改GIS业务应用模型，便可以达到改变GIS应用的目的，因此大大节约了用户系统升级的费用投入，同时又可以保证系统的稳定性。

3. 在线服务

临沂市地理信息公共平台提供了12类地理信息服务，共包含56个应用接口。除符合OGC标准的网络地图服务、网络对象服务、网络覆盖服务等，还扩展了数据索引服务、缓存地图服务、地图描述服务、空间查询服务、属性查询服务、空间统计服务、地理编码服务、网络数据处理流程服务、按需缓存地图服务等内容。这些服务与实现技术无关，用户可根据自身实际需求和基础情况使用第三方工具开发应用系统，本模式适用于对专业系统的需求较高且具备研发实力的部门。

4. 二次开发

地理信息公共平台为需要使用空间信息的用户提供了基本的查询分析功能，能够满足一般用户的通用性需求。但对于某些专业要求较高或者需要个性化应用的用户，尚不能满足要求，为此平台提供标准二次开发接口，实现政府及各部门对地图进行便捷、直接的调用，不需要再支付昂贵的软件费用和数据费用，无须再另外购置软件就可以直接使用测绘部门的数据成果，可以方便快捷地把地图集成到各部门的系统中。如果用户有自己的专题信息，也可以非常方便地与地图结合起来，形成互动性的地图应用。数据以及平台的更新和维护由基础测绘部门及其技术支撑单位来完成，专业应用由各部门独立维护，从而实现真正意义上的政府间数据共享。

二次开发接口库主要面向专业应用系统开发人员，主要通过接口调用平台提供的基本功能，用于深层次应用功能的增加与扩展。二次开发接口以支持浏览器端开发为主。

6.4.4 平台特点

“数字临沂”地理信息公共平台依托临沂市基础地理信息数据库，从中提取部分要素和内容，并应用平台数据生产技术体系进行多尺度无缝集成、可视符号配置、地名地址扩充、地图瓦片输出等整合加工，建立了平台数据（分政务用和公众用）和瓦片地图数据库，进而通过在线调用，零码组装、在线服务、二次开发、地名图典等多种形式的地理信息服务，提供信息化时代地理信息集成与共享完整解决方案，满足不同部门、不同用户的多样化需求。

（1）提炼并设计了地理信息公共平台在线调用、零码组装、在线服务、二次开发和地名图典等五种服务模式，基本满足了众多领域跨平台、跨浏览器对地理信息的应用需求。

（2）完善 SOA 架构的服务型地理信息软件包，包括 cServer、eServer、cJsAPI 和 eJsAPI。在松散耦合结构下，实现了地理信息服务的聚集、化合与发布，具有国际领先水平。

（3）提出了零码组装的理念，研制了基于服务型地理信息软件包的应用系统零码组装器，提供了可视化的定制工具，实现了专题应用系统的动态装配与快速搭建。

（4）应用 NewMap 系列软件，建立了权威、统一、通用的“数字临沂”地理信息公共平台，实现了政府网和国际互联网上覆盖全市域、多尺度、多类型、二三维一体的 TB 级地理信息数据在线应用与服务，有力促进了临沂市信息资源共享和充分利用。

6.5　应用示范建设

基于地理信息公共平台提供的丰富地理信息服务、二次开发接口和多种应用模式，“数字临沂”在市 30 个部门建立或扩展了 100 多个专题应用系统，实现了临沂市政务信息化空间支撑全覆盖，下面对“临沂市国土资源局数字执法信息系统”“临沂市公安警用地理信息系统”和“数字临沂”公众平台——“数字临沂”地理信息网三个应用示范进行介绍。

6.5.1　临沂市国土资源局数字执法信息系统

1. 基本情况

国土资源局是履行土地资源、矿产资源、海洋资源等自然资源规划、管理、保护与合理开发利用的行政管理的国家机构，不但行使着重要的政府管理职能，还掌握着大量国家基础性和战略性信息。通过电子政务建设，将实现国土资源行政管理的数字化、网络化，提高政府管理水平和办事效率，促进政务公开和廉政建设，带动国土资源管理方式的根本转变，为国家宏观决策和重大战略部署提供重要的国土资源基础信息支持。

目前，临沂市国土资源局政务信息化建设已取得了一定的进展，政务信息网站、办公自动化系统、一些业务管理信息系统已开发完成并投入使用，建立了物理隔离的内网和外网，已形成了较为完备的计算机网络系统。但是，国土资源政务信息化的发展尚处于起步阶段，已开发应用的系统主要只是针对某一个业务的具体管理，在单一的环境下运行，缺乏系统之间的有机联系与信息共享，不能充分利用现有资源为领导辅助决策提供科学支撑。

当前，在城市建设和管理中存在的一系列问题，可总结为七个方面：①违法用地、违法建设屡禁不止，城乡建设较混乱；②旧城超强度开发，环境恶化；③新区盲目扩大，土地资源浪费严重；④村镇建设混乱，区域综合环境恶化；⑤道路建设规划滞后，城市交通堵塞进一步加剧；⑥城市面貌雷同，历史文化风貌受到不同程度破坏；⑦区域基础设施重复建设，能力闲置。城市空间布局调控、人口密度和疏导、城市资源配置和使用、产业和结构调整、交通状况改善、环境质量等等城市发展中亟需解决的矛盾，均缺乏科学有效的数据支撑。

因此，临沂市国土资源局国土资源违法行为发现及处理系统的建设，旨在以临沂市基础地理信息公用平台为基础，利用土地利用现状和土地利用规划等数据，运用计算机网络和地理信息技术，记录、汇总、统计分析全市违法用地的空间数据和属性数据，为国土资源执法监察管理提供直观快速的决策支持。同时，这也是利用现代科学技术提高行政管理能力的有效措施。

2. 体系结构

临沂市国土资源局数字执法信息系统基于功能件组装的软件开发方式，面向规划业务，建成了结构合理、功能完整、安全稳定的基础业务管理系统；通过系统建设的实施，建立了基于网络应用的覆盖临沂市规划管理局各职能部门、下属事业单位办公软件环境，形成了规范、科学、高效的规划管理模式。

系统采用 C/S 的结构模式，在客户端实现业务管理的具体功能，在服务端实现数据库和系统管理，服务器部署在国土局内网上，包括数据库服务器和应用服务器（见图 6.12）。

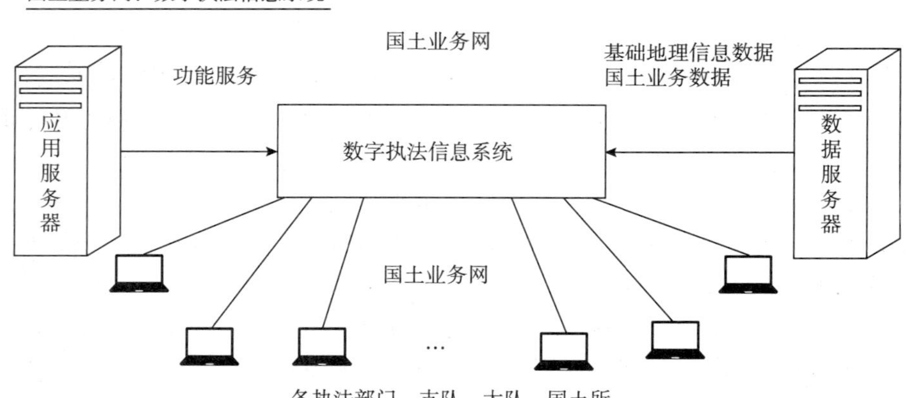

图 6.12 临沂市国土资源局数字执法信息系统体系结构

3. 系统功能

系统提供的主要功能包括系统控制，国土违法案件发现、办理、审批、查看、统计汇总，批后监管，案件档案等。

在数字执法信息系统的主界面包含主窗口（见图 6.13）、系统主菜单、工具条，工具条有系统某些功能的快捷方式，为各项业务的办理提供便利。

图 6.13　临沂市国土资源局数字执法信息系统界面

4. 应用情况

临沂市国土资源局数字执法信息系统运行在国土业务网上，它以基础地理信息数据库为核心，集成了土地利用等专业信息，以地理信息公共平台为依托，以日常国土执法业务案件经办流程为引导，实现网络化的计算机辅助办公及办公管理的图文一体化，为国土执法业务部门提供方便快捷的手段，提供快速准确的统计数据，实现资料数据的共享，既提高了执法效率，又体现了业务办公的规范化、标准化和科学化。

系统的成功开发及使用，实现了执法审批业务流程自动化、图文传递电子化、办案手段现代化、执法决策可视化。在局内部达到了传输网络化、图文一体化、管理科学化的目的，为各级执法人员和技术人员创建了良好的数据环境、分析环境、评价环境和管理环境，提高了工作质量和工作效率。系统的建设还实现了空间基础数据、土地利用数据、违法案件数据建库，成为临沂市国土执法系统的数据基础，并且可实现基础数据和专题数据的动态更新。

经过使用验证，各系统稳定性、实用性、先进性得到充分考验，达到了预期目标。系统将空间数据（含二维与三维）、国土执法业务、文档信息紧密结合，实现了信息的集成和共享。临沂市国土资源局数字执法信息系统的建成，极大地提高了行政办事效率，使规划管理工作标准化、公开化、高效化，形成了全局联网内的高效、协同运作体系。

6.5.2 临沂市公安警用地理信息系统

1. 基本情况

临沂市公安警用地理信息系统的主要任务是对系统进行全面整体地设计，通过平台数据与公安专题数据的整合与集成，实现面向市局所属各公安警种警务处理、机关领导综合决策分析和基层单位日常地理信息综合应用的需求，实现多警种地理数据的集中展示与综合分析，以及全局业务系统间空间数据的关联分析，为指挥调度提供辅助决策，为基层实战单位提供警务地理信息服务。该系统将各业务部门所关心的空间信息都纳入市局警用综合地理数据库，建立案情数据库，通过空间定位和查询，实现警用信息资源的综合利用，为各级公安机关的指挥调度提供决策信息。目前，系统已经成为公安多种技术系统的集成平台，如 GPS 系统、固定报警系统、手机定位系统、固定电话报警系统、视频监控系统等。

公安警用地理信息系统的建设，可以为公安局和下属单位的地理信息应用提供统一的基础数据服务；同时，利用地址匹配与比对技术，实现各业务数据库信息资源与电子地图有机的关联，实现大量的公安业务数据快速在地图上定位显示；并将报警定位技术、视频监控技术和电子地图进行有机结合，实现 110 报警、移动（固定）电话地图定位和警力调度，重点区域视频图像监控、刑事案件等业务信息基于电子地图可视化的查询和信息展现，为社会治安防控体系构建、有效运行，提供预防、控制、打击技术保障。

2. 体系结构

“数字临沂”地理空间框架应用系统体系结构包括数据层、中间层和应用层（见图 6.14）。其中，数据层主要包括平台数据集和专题数据集，平台数据集指临沂市地理信息公共平台，它由临沂市基础地理信息中心发布并提供服务，而专题数据集则是满足部门应用的专题信息，如公安部门的消防水源分布、重点治安单位等，该类数据由专业部门进行发布和提供服务；中间层是平台数据和专题数据进行发布的各类服务接口和函数；应用层是基于客户端，基于中间层提供的服务和功能对数据层的访问和查询。

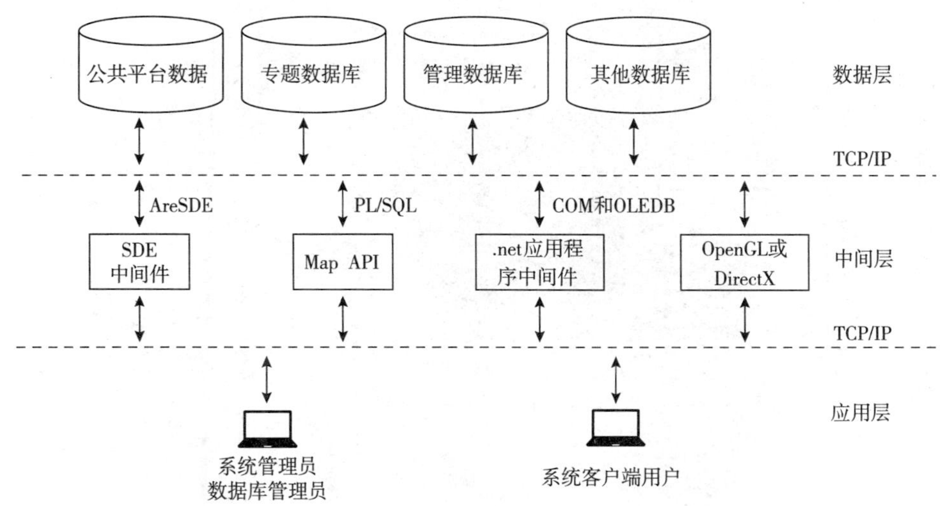

图 6.14　公安警用地理信息系统体系结构

3. 系统功能

公安警用地理信息系统分为数据浏览、报警定位、警力资源分布查询、实时监控、警情处理、警情分析、街道实景等功能模块。其系统功能模块如图 6.15 所示，系统界面如图 6.16 所示。

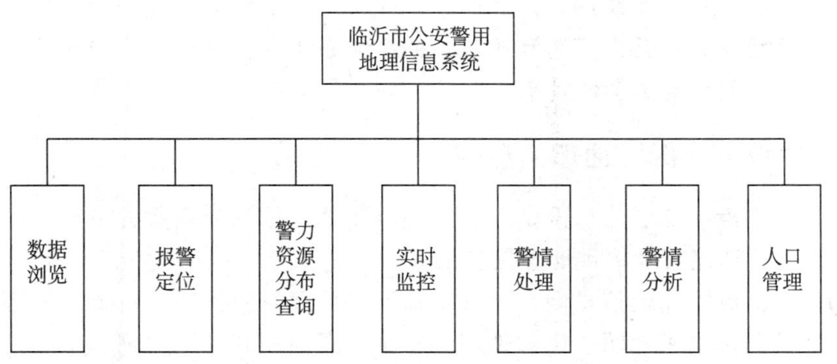

图 6.15　临沂市公安警用系统功能模块

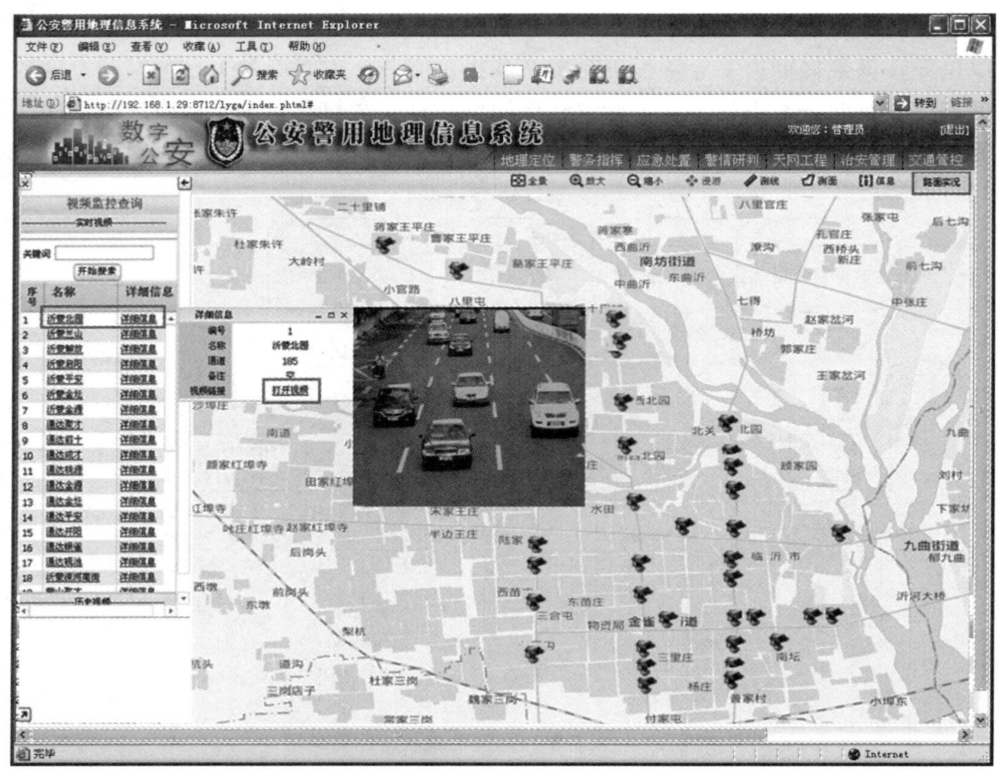

图 6.16　临沂市公安警用系统界面

4. 应用情况

系统成功部署后，在使用过程中，由中国测绘科学研究院、临沂市公安局人员组成的技术支持小组，负责进行系统调整与维护工作。期间，项目组完成了系统维护工作，保证了系统的稳定运行，并收集了在实际应用过程中发现的问题和不足，对系统进行了几次完善和改进，使系统在 110 接处警工作中快捷、方便地指挥调度，有效提高了工作效率。

6.5.3　“数字临沂”地理信息网

“数字临沂”地理信息网是“数字临沂”地理信息公众版的平台，运行在互联网上，向普通老百姓提供地理信息服务。

“数字临沂”地理信息网是“数字临沂”地理空间框架的重要组成部分，其建设目标是利用电子地图、影像地图、三维仿真地图和专题数据，依托互联网，为公众提供地理信息和位置服务。“数字临沂”地理信息网的建设，不仅可以整合临沂现有的地理信息资源，基于因特网提供地理信息服务，为公众提供实实在在的方便，又可为构建全省多级分布式地图网站体系积累经验，推进相关的标准和规范建设，提高在线地理信息服务水平。

1. 基本情况

1）系统概述

由于政务电子地图包含了部分不能直接向社会公众发布的涉密内容，因此为满足社会公众和企事业单位的地理信息服务需求，公众版电子地图首先从数据层面上将不适于面向公众发布的地理位置及相关涉密信息进行了删除、屏蔽、简化、模糊以及综合，同时增加和丰富了部分公众较为关注的热点信息，如企事业单位、学校医院、宾馆酒店、餐饮娱乐等。此外针对公众日常生活衣食住行密切相关的各方面，添加扩充了分类查询、周边搜索、公交查询、个性标注、自动定位、输出打印、线面量算等功能，方便公众用户的使用。

2）数据情况

“数字临沂”地理信息网所用的地图数据包含 1:5 万、1:1 万、1:1 000 等不同比例尺的电子地图数据。其具体所采用的数据层次设计如表 6.1 所示。

表 6.1　数据层次设计

级别	显示比例尺	电子地图	影像	备　注
1	1:25 万	1:25 万	（预留）	国家测绘地理信息局公开版地图
2	1:1 万	1:1 万	（预留）	提取公开要素
3	1:1 000	1:1 000	（预留）	提取公开要素

（1）电子地图数据。“数字临沂”地理信息网包括三种来源数据 (1:25 万、1:1 万、1:1 000)。1:25 万使用省级数据；1:1 万电子地图数据以山东省国土资源厅 2008—2009 年完成的山东省基础测绘基础数据；1:1 000 电子地图数据以临沂市国土资源局电子地图为基础数据。根据“数字临沂”地理信息网建设的数据要求，临沂市国土资源局对数据进行进一步处理以满足平台建设的要求。

（2）三维仿真数据。三维仿真数据生产包括数据分析、底图分块、调绘拍照、影像矢量数据加工、三维建模、后期美工制作、关注点（POI）编辑等诸多过程。其中，调绘拍照和三维建模两个阶段工作量较大。

（3）专题数据。“数字临沂”地理信息网使用的专题数据包括关注点数据和公交数据。其中，不宜公开的关注点在数据提取和脱密过程中被过滤。关注点数据共分为公共管理、住宿、餐饮、交通运输、金融保险、房产楼盘、生活服务、休闲娱乐、旅游服务、医疗卫生、文教媒体、自然要素、其他等 13 个大类，120

个小类。

专题数据在发布前，也必须根据国家相关政策法规的要求进行脱密处理。系统涉及的专题数据分为两类，即关注点数据和公交数据。关注点数据面向公众，分类详细、涵盖全面，包括公共管理、住宿、餐饮、交通运输、金融保险、房产楼盘、生活服务、休闲娱乐、旅游服务、医疗卫生、文教媒体、自然要素、其他等。权威海量的关注点数据在最大程度上可满足公众对衣食住行各方面的信息查询需求。公交数据主要包括三张数据表：临沂市公交线路表(上行)、临沂市公交线路表(下行)和临沂市公交线路坐标，数据经分析处理后，有效站点758个，有效线路99条。公交数据范围覆盖临沂市490 km^2。

2. 体系结构

“数字临沂”地理信息网采用B/S三层体系结构，将应用程序结构划分为用户层、业务逻辑层、数据层三个层次。其中将实现人机交互界面的所有组件封装在用户层；将所有业务功能的实现封装在负责业务逻辑处理组件内；数据层表示系统中用到的所有数据。其体系结构如图6.17所示。

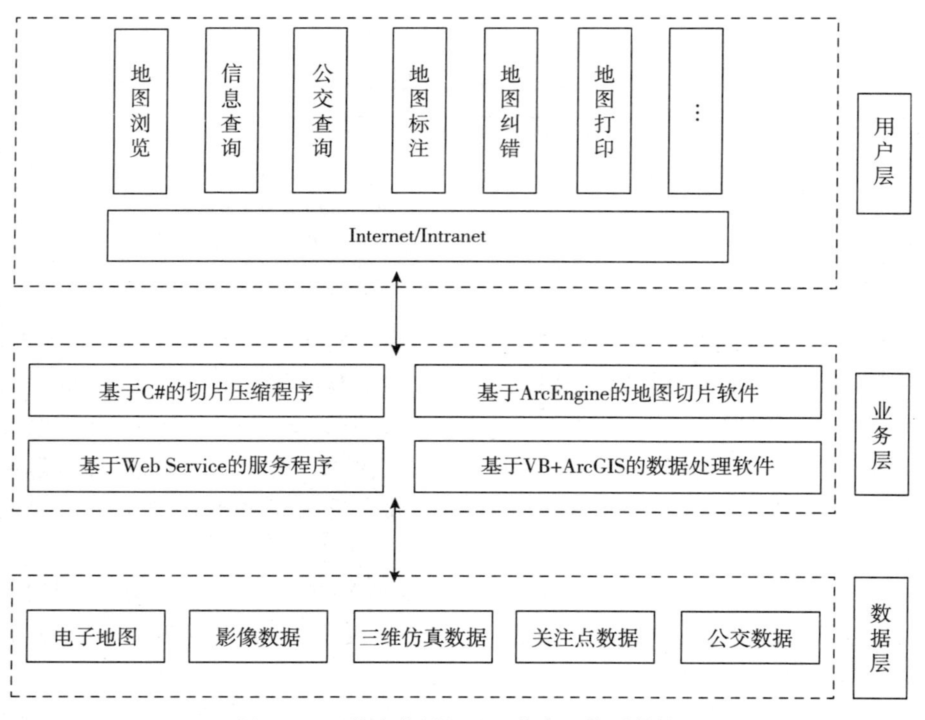

图6.17 “数字临沂”地理信息网体系结构

3. 系统功能

从功能方面分析，“数字临沂”地理信息网公众平台模块开发主要分为以下三部分(见图 6.18)。

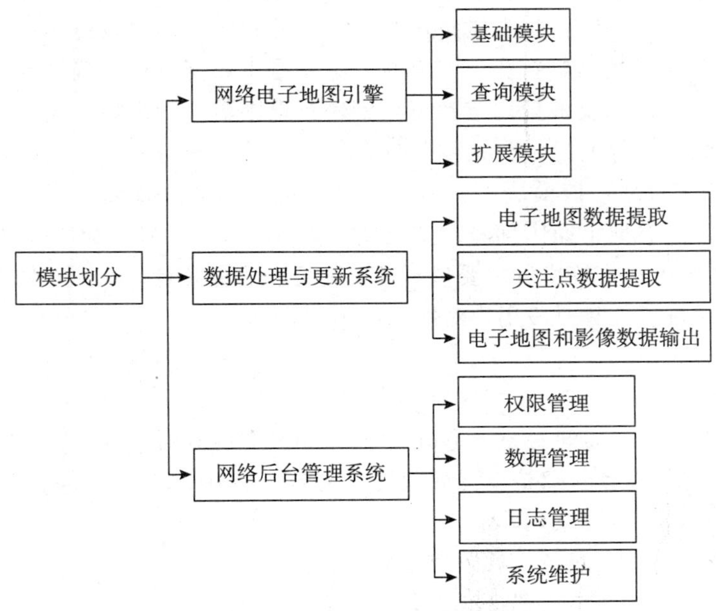

图 6.18　“数字临沂”地理信息网模块划分

1) 网络电子地图引擎

基于 Ajax 技术开发的地图服务引擎是网站的核心部分，作用主要是为基于网络的地图服务应用提供底层支撑。引擎主要由基础模块、查询模块和扩展应用模块组成。

(1)基础模块：构建地图网站应用开发框架，提供基本地图服务和功能接口。

(2)查询模块：提供关注点信息分类查询、关键字查询和地理实体查询服务。

(3)扩展功能：提供周边信息查询服务、公交查询服务等扩展应用功能。

2) 数据处理与更新系统

提供数据处理和更新工具，负责系统所需地理数据的录入和更新，主要包括以下三个功能。

(1)电子地图数据提取：从多尺度电子地图数据库自动提取公开版电子地图。

(2)关注点数据提取：从关注点数据库自动提取“数字临沂”地理信息网所需内容，转入查询数据库，进行关注点的增加、删除和修改。

(3)电子地图和影像数据输出：地图数据栅格化输出、分块、编码、压缩及建立索引等。

3) 网站后台管理系统

(1)权限管理：该模块包括用户管理和角色管理，主要功能是对管理员进行添加、删除、修改以及权限分配等。

（2）数据管理：该模块包括数据审核、数据更新和关注点管理。数据审核主要是对前台用户的纠错信息进行审核确认，并将审核结果发送至前台。数据更新主要包括关注点数据更新和地图更新。主要是对数据审核后确认要更改的关注点数据进行更新，以及根据划定数据范围进行地图数据的更新。关注点管理主要是对关注点照片进行上传、删除和查询等。

（3）日志管理：该模块主要实现对日志进行浏览和查询。管理员可以根据用户名或者日志类型（操作日志、安全日志、访问日志）进行相应查询。

（4）系统维护：该模块主要包括环境配置和流量统计。在流量统计功能中，主要实现统计分析任意时段用户对网站的访问量。

4. 站点建设

1）软硬件环境

一台高性能服务器同时充当 Web 服务器和地图服务器。

（1）中央处理器：双核至强处理器，主频 2.6 GHz 以上。

（2）内存大小：8GB 以上。

（3）服务器网卡配备：双口千兆网卡。

（4）硬盘配备：高速硬盘组建 RAID5。

（5）服务器端：Windows 2003 操作系统，采用 IIS + Oracle + ASP.Net + WebService + NTFS 文件系统进行开发，开发环境和开发工具为 Visual Studio 2005。

（6）客户端：采用 Ajax 技术基于浏览器进行在线地图服务，给用户带来流畅友好的体验。用户在普通 PC 机上即可利用 IE6.0 以上的浏览器直接访问，且无须安装任何插件。

（7）其他软件：ArcGIS 9.2、CorelDraw 9.0、Photoshop 7.0 等。

2）网络拓扑结构

本平台基于 B/S 架构设计，考虑终端的用户比较多，建议配置两台服务器，一台用作地图数据存储服务，一台用于提供 Web 应用程序服务。从安全角度考虑，需配置备用数据服务器，服务器之间用高速局域网互联。其网络拓扑结构如图 6.19 所示。

3）频道设置

平台界面的布局以操作方便、视觉平衡、美观大方为基本原则，初步设立电子地图、影像地图、三维仿真地图等三个基础频道。

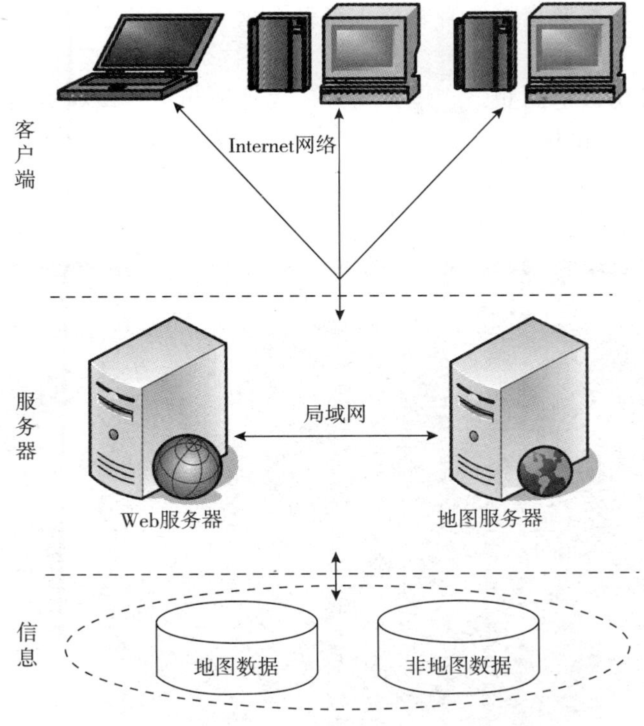

图 6.19　“数字临沂”地理信息网网络拓扑结构

（1）电子地图频道。借鉴国内外先进的地图网站经验，采用地图图片的方式提供地图浏览服务，并在后台信息数据库的支持下提供查询服务。界面效果如图 6.20 所示。

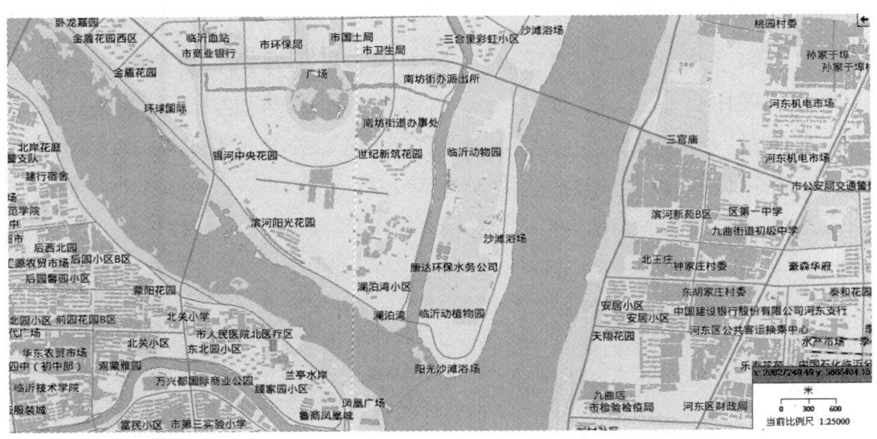

图 6.20　电子地图浏览效果

（2）影像地图频道。暂时未植入影像数据，但预留空间，根据数据情况可以随时添加。

（3）三维仿真地图频道。设立三维仿真地图频道，该频道通过三维实景模拟的表现方式，提供精美直观的三维仿真地图浏览服务，并且提供查询服务。界面效果图 6.21 所示。

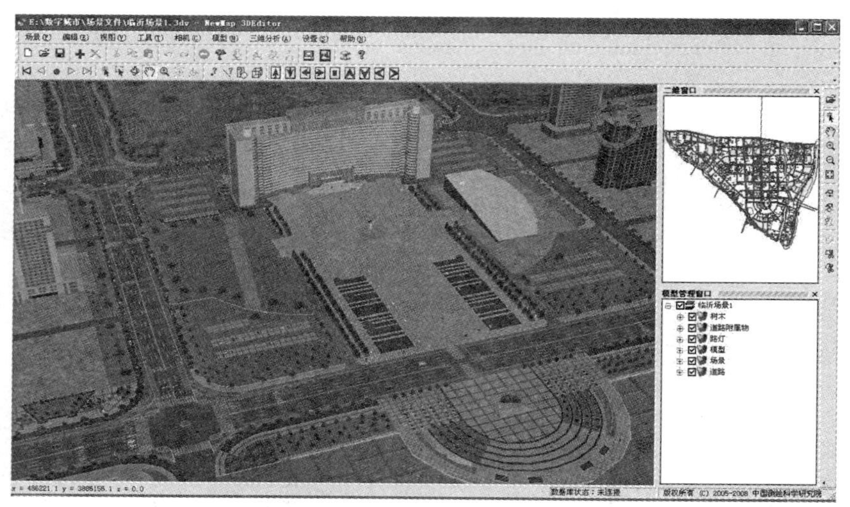

图 6.21　三维仿真地图浏览效果

6.6　小结

本章以“数字临沂”地理信息网建设为例，详细介绍了地理信息公共平台的原理与方法，采用自主平台数据生产技术体系、平台建设服务技术体系和平台同步更新技术体系，构建“数字临沂”地理空间框架的全流程，以及专题应用，为全国数字城市建设提供了有益的借鉴与参考。

第7章 总结及展望

7.1 回顾与反思

20世纪80年代中后期、90年代初期，地理信息技术从美国、加拿大等发达国家引入我国后，业界曾对其寄予厚望，认为有了它，就可以实现城市科学决策的梦想，甚至能够解决经济社会的不可持续问题。一个县、镇的地理信息系统建设，仅设计费用一项有的就高达十几万元、甚至上百万元，工程建设费用少则一两百万元，多则上千万元。大家趋之若鹜，不惜代价，皆因对其有美好的期待。

90年代中后期，当一批地理信息系统建成投入运行后，尽管发挥了相当的作用，但与当初的愿景尚存在不小的差距。实际上，建成的地理信息系统只是方便了基于空间的信息查询，统计分析汇总一些空间化的指标，为科学决策、可持续发展提供信息支撑，但谈不上从根本上解决可持续发展问题。

90年代末期，地理信息系统发展进入低谷。

1999年，首届国际数字地球会议在北京举行，李岚清副总理参加会议并发表重要讲话，大会发布了《数字地球•北京宣言》，提出了“反演过去、展示现在、预测未来”的梦想。此后，我国迅速推动了数字中国、数字省区、数字城市、数字行业和数字流域等各种各样的数字化工程。

七八年的时间，业界一直处于彷徨状态：目标定低，与愿景相去甚远；目标定高，难以企及。2005年，当谷歌公司在网络上给人们呈现出一个“数字化的地球”后，我们才恍然大悟、豁然开朗：就是搭建一个以地理信息为基础的公共平台，方便各种专题信息叠加，在空间上可量测、计算、统计、分析和规划。国家测绘地理信息局于2003—2005年提出了“地理信息公共平台”概念，并形成了“一库、一平台、多应用”的数字城市地理空间框架建设思路。

经过十年的试点探索和大力推广，在国家测绘地理信息局的领导下，全国已有310余个地级市、150多个县级市开展了数字城市建设，有170多个地级市、40多个县级市完成了数字城市建设并投入使用，累计开发涉及国土、规划、交通、房产、公安、消防、环保、卫生、公众服务等几十个领域的3 000多个应用系统，在强决策、精管理、惠民生和促产业等方面发挥了重要的支撑与保障作用，影响深远，反响巨大。《人民日报》头版头条报道“数字城市，让生活更美好”[33]；中央电视台、新华社、光明日报社、经济日报社等10家中央媒体单位共同开展了“数字城市中国行”大型宣传报道活动，集中展示了数字城市建设的成就和效果；

《中国新闻》杂志连续出版多期“数字城市建设”专辑。

透过以上发展历程的表象，从更深层次、另外的视角，探求每次新技术的缘起与兴衰，可以得出技术兴衰曲线（见图 7.1）。根据该曲线，不难发现：当一项新的技术出现后，人们总是对其寄望过高。其实，地理信息系统，数字城市、数字地球、智慧地球、智慧城市等都是一种科学工具与手段。在人类对一个问题尚未找到解决方案之前，这些工具不会也不可能超越人类的水平。一项技术只有回归其本位，才能良性发展。

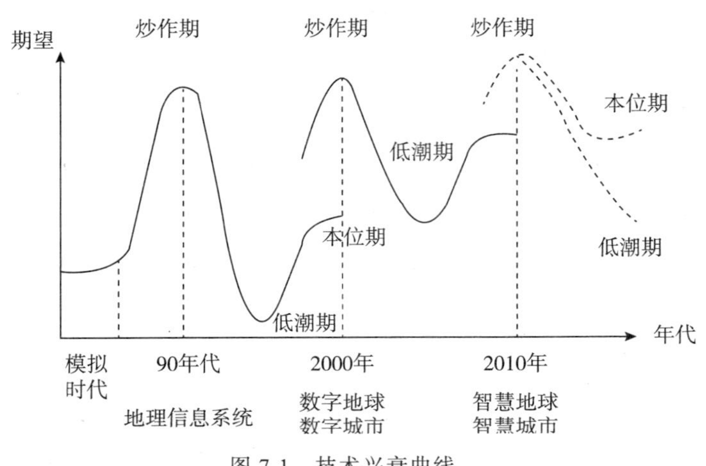

图 7.1 技术兴衰曲线

7.2 智慧城市的定位

“智慧地球”概念是美国 IBM 大中华区首席执行总裁彭明盛在 2008 年首次提出的[34]，此后，美国、欧盟、新加坡、韩国、日本等发达国家和地区纷纷启动相关发展战略。

我国也努力抓住了这一历史机遇和发展契机。虽然国内对智慧城市的理解与认识不尽相同，但作为城市信息化发展的新目标，特别是进入“十二五”后，各城市对智慧城市建设的关注度明显提升，纷纷出台政策及规划开展相关建设。据统计，截至 2011 年 5 月，一级城市全部提出了智慧城市的详细规划，80% 以上二级城市也明确提出了建设智慧城市的计划。截至 2012 年 9 月，全国 47 个副省级以上地方的规划文件中，明确提出智慧城市建设的有 22 个，占比 46.8%。截至 2013 年 1 月，共有 320 个城市投入 3 000 亿元建设智慧城市，预计“十二五”期间用于建设“智慧城市”的各方投资总规模有望达到 5 000 亿元。

2012 年底，美国科罗拉多大学博伊德·科恩博士进行了一次全球智能城市排名，分别为维也纳（智慧能源）、多伦多（低碳经济）、巴黎（自行车计划）、纽约（业务优化）、伦敦（创新可持续发展）、东京（高效节能）、柏林（电动车计划）、哥本哈根（清洁技术创新）、香港（智能生活）和巴塞罗那（新能源举措）。可以看出，这些城市只是从一个方面或几个方面提高了智能化水平。

7.3　智慧城市再认识

智慧城市是运用物联网、云计算、大数据、空间地理信息集成等新一代信息技术，促进城市规划、建设、管理和服务智慧化的新理念和新模式。当然，其仍是人类认识和改造世界的一种科学工具，是城市信息化的重要阶段。其核心是按照集约、智能、绿色、低碳的新型城镇化道路的总体要求，发挥市场在资源配置中的决定性作用，加强和完善政府引导，统筹物质、信息和智力资源，推动新一代信息技术创新应用，加强城市管理和服务体系智能化，积极发展民生服务智慧应用，强化网络安全保障，有效提高城市综合承载能力和居民幸福感，促进城镇化发展质量和水平全面提升。

从技术的维度认知，智慧城市是在时空信息支撑下，依托物联网和云计算等现代信息技术，将人类知识物化到信息化条件下的城市规划、设计、建设、管理、运营和发展等各项活动中，形成不依赖人或少依赖人的智能化专题，按需优化组合，实现相互之间的有机协同。从构成的维度理解，一个智慧的城市应当包括像人类感官一样的实时信息感知设备，像人类神经系统一样的信息与指令双向传输网络系统，像人类大脑一样的云计算中心，像人类行为器官一样的应对与处置专题系统。从发展的维度认识，智慧城市是城市信息化发展的愿景，会历经从初级到高级、从局部到整体、从单一到综合的不同发展阶段[35-36]。

因此，智慧城市建设是一项复杂的系统工程，而且技术本身也在不断发展进步，不可能一蹴而就，应整体规划、分步实施。

7.4　测绘地理信息在智慧城市中的作用

国家发改委、工信部、科技部、公安部、财政部、国土资源部、住建部、交通部等八部委于 2014 年 8 月联合出台了《关于促进智慧城市健康发展的指导意见》。其中明确提出："统筹城市地理空间信息及建（构）筑物数据库等资源，加快智慧城市公共信息平台和应用体系建设。以城市统一的地理空间框架和人口、法人等信息资源为基础，叠加各部门、各行业相关业务信息，加快促进跨部门协同应用。"

测绘地理信息是智慧城市建设的基础信息，在需求牵引和技术拉动下，为了有效支撑智慧城市的建设与运行，地理空间框架也应进一步提升至时空信息基础设施，其核心是时空大数据中心和时空信息云平台，胜任城市“大脑”和“骨架”的新定位，一方面负责与空间位置有关信息的集成、处理、可视、分析与决策，另一方面准确定位实时感知信息的感知设备节点。

国家测绘地理信息局于2012年12月正式开展“智慧城市时空信息云平台”的试点建设工作。受国家测绘地理信息局委托，作者及其科研团队于2013年3月，在充分考虑相关技术的进步和智慧城市发展要求的基础上，与相关部门认真衔接沟通，广泛征求业界院士、专家意见，起草制定了《智慧城市时空信息云平台建设试点技术指南》，并在昆明、宁波、济南等地多次召开了全国性的培训会。截至2015年4月，全国有近20个城市已经开展该项任务的试点工作。

数字城市地理空间框架的建设，领导了地理信息服务的根本性变革，是我国城市信息化的重要里程碑。下一步，将在数字城市建设的基础上，在时空信息基础设施的支撑下，实现各行业、各领域、各方面的智能化，并进行有机组合，对城市进行智慧化设计、建设、管理、运行、服务、发展，最终实现智慧城市。

参考文献

[1] 全国人民代表大会常务委员会 . 中华人民共和国测绘法 [M]. 北京 : 中国法制出版社 ,2002.

[2] 李德仁 . 论新地理信息时代 [J]. 中国科学 F 辑 : 信息科学 ,2009,39(6):579-587.

[3] 刘先林 . 航空摄影科技发展成就与未来展望 [J]. 前沿科学 ,2007(3):10-14.

[4] 蓝勤 . 转变地理信息服务方式 促进测绘成果广泛应用 [N/OL], 中国测绘报 ,2010-07-30.

[5] 尹贡白 , 王家耀 , 田德森 , 等 . 地图概论 [M]. 北京 : 测绘出版社 ,1990.

[6] 李维森 . 浅析数字城市地理空间框架建设中的创新 [J]. 测绘通报 ,2011(9):1-5.

[7] 李成名 . 数字城市到智慧城市的思考与探索 [J]. 测绘通报 ,2013(3):1-3.

[8] 国家测绘地理信息局 .GB/T 30317—2013 地理空间框架基本规定 [S]. 北京 : 中国标准出版社 ,2013.

[9] 国家测绘地理信息局 .GB/T 30318—2013 地理信息公共平台基本规定 [S]. 北京 : 中国标准出版社 ,2013.

[10] 国家测绘地理信息局 .GB/T 30319—2013 基础地理信息数据库基本规定 [S]. 北京 : 中国标准出版社 ,2013.

[11] 国测国字〔2009〕13 号 . 数字省区地理空间框架建设技术大纲 [Z].

[12] 国测国字〔2006〕18 号 . 数字城市地理空间框架建设技术大纲 [Z].

[13] 国家测绘地理信息局 .GB/T 23705—2009 数字城市地理信息公共平台地名 / 地址编码规则 [S]. 北京 : 中国标准出版社 ,2009.

[14] 国家测绘地理信息局 .CH/Z 9001—2007 数字城市地理空间信息公共平台技术规范 [S]. 北京 : 测绘出版社 ,2007.

[15] 国家测绘地理信息局 .CH/Z 9002—2007 数字城市地理空间信息公共平台地名地址分类、描述及编码规则 [S]. 北京 : 测绘出版社 ,2007.

[16] 国家测绘地理信息局 .CH/T 9013—2012 数字城市地理信息公共平台建设要求 [S]. 北京 : 测绘出版社 ,2012.

[17] 国家测绘地理信息局 .CH/T 9015—2012 三维地理信息模型数据产品规范 [S]. 北京 : 测绘出版社 ,2012.

[18] 国家测绘地理信息局 .CH/T 9016—2012 三维地理信息模型生产规范 [S]. 北京 : 测绘出版社 ,2012.

[19] 国家测绘地理信息局 .CH/T 9017—2012 三维地理信息模型数据库规范 [S]. 北京 : 测绘出版社 ,2012.

[20] 中国测绘科学研究院 .NewMap DMP 用户手册 [Z].2014.

[21] 中国测绘科学研究院 .NewMap Server 用户手册 [Z].2014.

[22] 国家测绘地理信息局 .CH/T 9014—2012 数字城市地理信息公共平台运行服务规范 [S]. 北

京：测绘出版社，2012.

[23] 中国测绘科学研究院 .NewMap PLAT 用户手册 [Z].2014.

[24] Joshua Lieberman. OpenGIS Discussion Paper:OWS 1.2 Service Information Model[S], OpenGIS Consortium,2003.

[25] OGC. OpenGIS Web Services Architecture[EB/OL].[2003].http://www.opengis.org/docs/03-025.pdf.

[26] OGC. Web Map Service(WMS)[EB/OL].[2009].http://www.opengis.org/techno/implementation.htm.

[27] OGC.Web Feature Service(WFS)[EB/OL].[2009].http://www.opengis.org/techno/implementation.htm.

[28] OGC.Web Coverage Service(WCS)[EB/OL].[2009].http://www.opengis.org/techno/implementation.htm.

[29] OGC.Web Processing Service(WPS)[EB/OL].[2011].http://www.opengeospatial.org/standards/wps.

[30] 张新长，唐铁 . 影像增量动态更新与融合技术研究 [J]. 测绘学报，2011(6):790-795.

[31] 张新长，郭泰圣，唐铁 . 一种自适应的矢量数据增量更新方法研究 [J]. 测绘学报，2012, 41(4):613-619.

[32] 范新成，季鹏，冉飞 . 数字临沂地理信息公共平台设计与实现 [C].// 第十三届华东六省一市测绘学会学术交流会论文集，2011:190-191.

[33] 赵亚辉，沈寅 . 数字城市让生活更美好 [N/OL]. 人民日报，2010-11-21(1).

[34] 彭明盛 . 智慧的地球：下一代领导人议程 [R]. 纽约：外国关系理事会会议，2008-11-06.

[35] 李成名 . 智慧城市的时空信息云平台 [EB/OL].2012-06-04.http://www.cbinews.com/cloudchanel/news/2012-06-04/187453.htm.

[36] 李成名 . 地理信息在智慧城市中的定位与作用 [EB/OL].2012-06-13.http://www.labs.chinamobile.com/news/73542.

附录 A　数据实体化内容与数据源关系示例

序号	实体名称及要素		1:500 1:1 000 1:2 000	1:5 000~ 1:10 万	1:25 万 ~ 1:100 万	说明
1	境界与政区地理实体	国家行政区域	—	√	√	—
		省级行政区域	—	√	√	—
		地级行政区域	—	√	—	—
		乡级行政区域	—	√	—	—
		国家行政界线	—	√	—	—
		省级行政界线	—	√	—	—
		地级行政界线	√	—	—	—
		乡级行政界线	√	—	—	—
2	道路实体	城际公路	—	√	—	—
		城市道路	√	√	—	—
		乡村道路	√	√	—	—
3	铁路实体	标准轨铁路	—	√	—	—
		窄轨铁路	—	√	—	—
4	河流实体	常年河	—	√	—	—
		时令河	—	√	—	—
		干涸河	—	√	—	—
5	居民地实体	街区	—	√	—	—
		单幢房屋、普通房屋	√	—	—	—
		突出房屋	√	—	—	—
		高层房屋	√	—	—	—

注：1. 若可选的数据源多于一个，选择现势性强的一个即可；2. 为确保线状要素的连通，请注意提取的数据源中应包括有关辅助要素。

附录 B　数据实体化加工示例

序号	实体	类型	源数据	提取数据	实体化	说明
1	境界与政区实体	行政区域			 XX 市	完整行政区域境界线的提取，然后构面
2	道路实体	城际公路（高速公路）	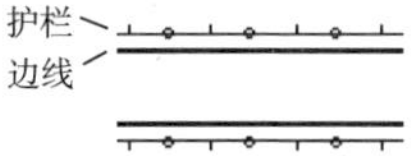 护栏 边线		 G XXX	道路提取两条边线数据，然后提取中心线作为道路实体数据
		城市道路（环岛）	 城市道路 环岛	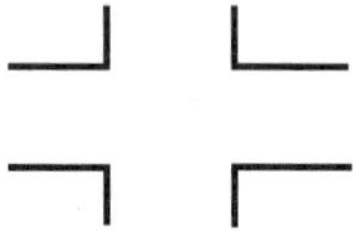	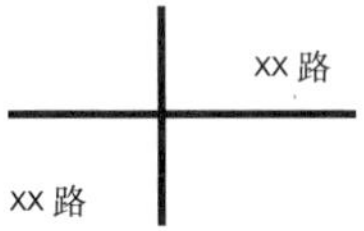 XX 路 XX 路	不提取附属设施数据
		城市道路（人行桥）	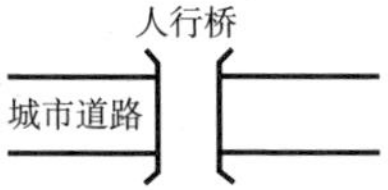 人行桥 城市道路	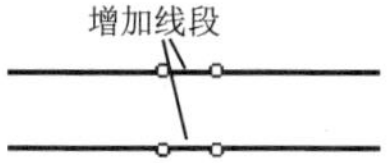 增加线段	 XX 路	因桥梁等附属设施造成道路不连续时，添加辅助线后再进行实体化
		城市道路	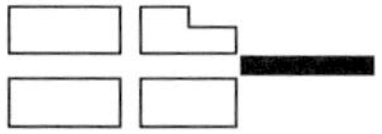	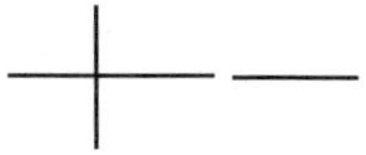	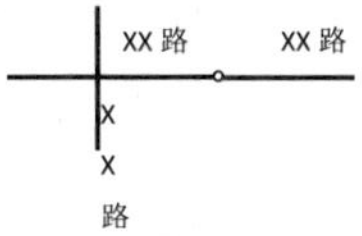 XX 路 XX 路 XX 路	以面表达的道路要素与单线表达的道路相接时，须构成连通网络

续表

序号	实体	类型	源数据	提取数据	实体化	说明
3	铁路实体	标准轨铁路	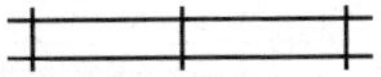		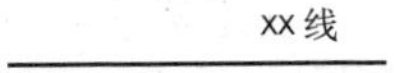 xx 线	铁路提取中心线作为实体化数据
		经过长隧道的标准轨铁路			xx 线	铁路遇到隧道中断情况下，应延长两侧中心线直至连接
4	河流实体	具有完整边线的河流	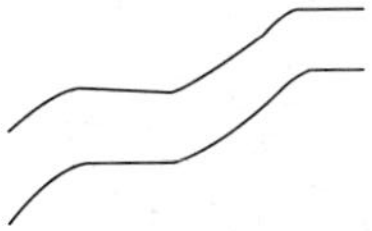	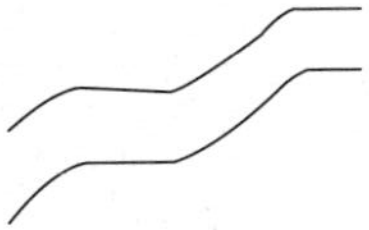	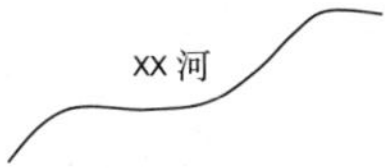 xx 河	直接提取河流边线，并提取骨架线作为实体化数据
		被桥梁中断的河流	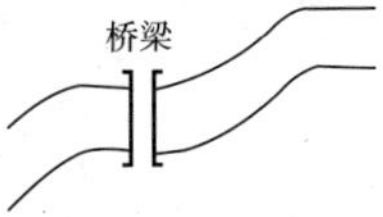 桥梁	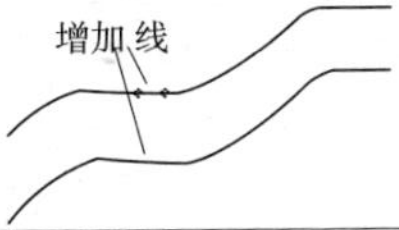 增加线		在遇有桥梁使河流表示中断时，应在断开处添加线段使河流表示完整，再提取骨架线作为实体数据
		河流中有岛屿	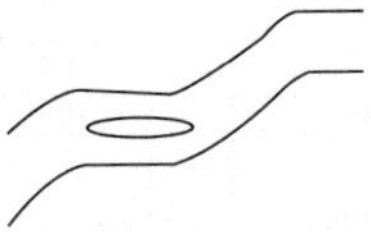	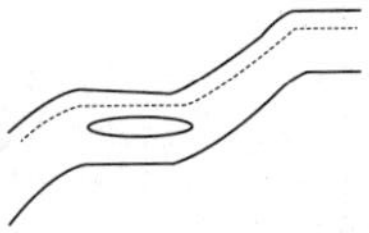		避开岛屿，提取河流骨架线作为实体化数据
5	居民地实体	带檐廊的房屋	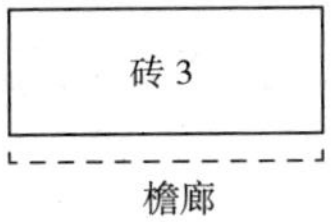 砖 3 檐廊	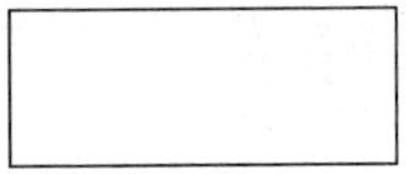	 xx 研究院	房屋仅提取建筑物主体的边线数据，不提取相关的附属设施数据
		带室外楼梯的房屋	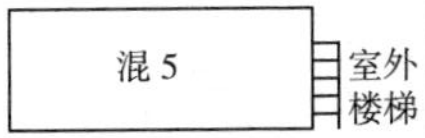 混 5 室外楼梯	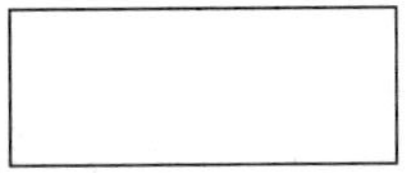		

附录 C　地图数据提取内容示例

分类代码	要素名称	1:500 1:1 000 1:2 000	1:5 000~ 1:10 万	1:25 万 ~ 1:100 万	限制条件
200000	水系	√	√	√	—
210000	河流	√	√	√	—
210100	常年河	√	√	√	通航能力、水深、流速、底质、河口地区潮水位、潮流速、潮水温、潮流量、潮波不可公开
210101	地面河流	√	√	√	
210102	地下河段	√	—	—	
210103	地下河段出入口	√	√	√	
210104	消失河段	√	√	—	
210200	时令河	√	√	√	
210300	干涸河（干河床）	√	√	√	
210301	河道干河	—	√	—	
210302	漫流干河	—	√	—	
220000	沟渠	√	√	√	—
220100	运河	√	√	√	—
220200	干渠	√	√	√	—
220201	地面干渠	√	√	—	—
220202	高于地面干渠	√	√	—	—
220300	支渠	√	√	√	—
220301	地面支渠	√	√	—	—
220302	高于地面支渠	√	√	—	—
230000	湖泊	√	√	√	—
230100	常年湖、塘	√	√	√	—
230101	湖泊	√	√	√	—
230102	池塘	√	√	√	—
230200	时令湖	√	√	√	—
230300	干涸湖	√	√	√	—
240000	水库	√	√	√	—
240100	库区	√	√	√	实时库容不可公开
240101	水库	√	√	√	
240102	建筑中水库	√	√	√	
240200	溢洪道	√	√	—	—
240300	泄洪洞、出水口	√	√	—	—

续表

分类代码	要素名称	1:500 1:1 000 1:2 000	1:5 000~ 1:10 万	1:25 万 ~ 1:100 万	限制条件
250000	海洋要素	√	√	√	—
250100	海域	√	√	√	—
250200	海岸线	√	√	√	—
250400	干出滩、滩涂	√	√	√	不得细分
250600	礁石	√	√	√	—
250700	海岛	√	√	√	—
260000	其他水系要素	√	√	√	—
260100	水系交汇处	√	√	√	—
260200	河、湖岛	—	√	√	—
260300	沙洲	—	√	√	—
260800	水井	√	√	√	—
261100	瀑布、跌水	√	√	√	—
261200	沼泽、湿地	√	√	√	通行性质不可公开
300000	居民地及设施	√	√	√	—
310000	居民地	√	√	√	—
310100	城镇、村庄	—	—	√	—
310101	首都	—	—	√	—
310102	特别行政区	—	—	√	—
310103	省级城市	—	—	√	—
310104	地级城市	—	—	√	—
310105	县级城镇	—	—	√	—
310106	乡、镇	—	—	√	—
310107	行政村	—	—	√	—
310108	自然村	—	—	√	—
310109	农林牧渔单位	—	—	√	—
310200	街区	—	√	—	—
310300	单幢房屋、普通房屋	√	—	—	—
310400	突出房屋	√	√	—	—
310500	高层房屋	√	√	—	—
311000	其他房屋	√	√	√	—
311001	地面窑洞	√	√	—	—
311002	地下窑洞	√	√	—	—

续表

分类代码	要素名称	1:500 1:1 000 1:2 000	1:5 000~ 1:10 万	1:25 万 ~ 1:100 万	限制条件
311003	蒙古包、放牧点	√	√	√	—
340000	公共服务及其设施	√	√	√	未对外挂牌的不可公开；军队院校若未经批准公开的不可公开；军队医院若未挂牌并对外服务的不可公开
340100	文教卫生	√	√	—	
340300	休闲娱乐、景区	√	√	—	
340400	体育	√	√	—	
350000	名胜古迹	√	√	√	
350100	古迹、遗址	√	√	√	
350200	碑、像、坊、楼、亭	√	√	—	
360000	宗教设施	√	√	√	
360100	庙宇	√	√	√	
360200	清真寺	√	√	—	
360300	教堂	√	√	—	
360400	宝塔、经塔	√	√	√	
360500	敖包、经堆	√	√	—	
400000	交通	√	√	√	—
410000	铁路	√	√	√	—
410100	标准轨铁路	√	√	√	—
410200	窄轨铁路	√	√	√	—
420000	城际公路	√	√	√	铺设材料、最大纵坡、最小曲率半径不可公开
420100	国道	√	√	√	
420101	建成国道	√	√	√	
420102	建筑中国道	√	√	√	
420200	省道	√	√	√	
420201	建成省道	√	√	√	
420202	建筑中省道	√	√	√	
420300	县道	√	√	√	
420301	建成县道	√	√	√	
420302	建筑中县道	√	√	√	
420400	乡道	√	√	√	
420600	匝道（连接道、交换道）	√	√	√	
420900	高速公路	√	√	√	
420901	建成	√	√	√	

续表

分类代码	要素名称	1:500 1:1 000 1:2 000	1:5 000~ 1:10 万	1:25 万 ~ 1:100 万	限制条件
420902	建筑中	√	√	√	铺设材料、最大纵坡、最小曲率半径不可公开
430000	城市道路	√	√	√	
430100	轨道交通	√	√	√	
430101	地铁	√	√	√	
430102	轻轨	√	√	√	
430200	快速路	√	√	—	
430300	高架路	√	√	√	
430400	引道	√	√	—	
430500	街道	√	√	√	
430501	主干道	√	√	√	
430502	次干道	√	√	—	
430503	支线	√	√	—	
430600	内部道路	√	√	—	
440000	乡村道路	√	√	√	
440100	机耕路（大路）	√	√	√	
440200	乡村路	√	√	√	
440300	小路	√	√	√	
440400	时令路	—	√	—	
440500	山隘	—	√	√	
440600	栈道	—	√	—	
460000	水运设施	√	√	—	—
460100	船码头	√	√	—	—
460300	停泊场	√	√	—	—
480000	空运设施	√	√	√	未经批准公开的不可公开
480100	机场	√	√	√	
600000	境界与政区	√	√	√	—
610000	国外地区	—	√	√	—
610100	国外区域	—	√	√	—
610200	国界线	—	√	√	—
620000	国家行政区	√	√	√	—
620100	行政区域	—	√	—	—
620200	国界线	√	√	√	—
620201	已定界	√	√	√	—

续表

分类代码	要素名称	1:500 1:1 000 1:2 000	1:5 000~ 1:10 万	1:25 万 ~ 1:100 万	限制条件
620202	未定界	√	√	√	—
620300	界桩、界碑	√	√	—	—
630000	省级行政区	√	√	√	—
630100	行政区域	—	√	√	—
630200	行政区域界线	√	√	√	—
630201	已定界	√	√	—	—
630202	未定界	√	√	—	—
630300	界桩、界碑	√	√	—	—
640000	地级行政区	√	√	√	—
640100	行政区域	—	√	√	—
640200	行政区域界线	√	√	√	—
640201	已定界	√	√	—	—
640202	未定界	√	√	—	—
640300	界桩、界碑	√	√	—	—
650000	县级行政区	√	√	√	—
650100	行政区域	—	√	√	—
650200	行政区界线	√	√	√	—
650201	已定界	√	√	—	—
650202	未定界	√	√	—	—
650300	界桩、界碑	√	√	—	—
660000	乡级行政区	√	√	√	—
660100	行政区域	—	√	√	—
660200	行政区界线	√	√	√	—
660201	已定界	√	√	—	—
660202	未定界	√	√	—	—
660300	界桩、界碑	√	√	—	—
670000	其他区域	√	√	√	—
670100	自然、文化区	√	√	√	—
670300	国有农场、林场、牧场区	√	√	√	—
670700	村界	√	—	—	—
800000	植被与土质	√	√	√	—
810000	农林用地	√	√	√	—

续表

分类代码	要素名称	1:500 1:1 000 1:2 000	1:5 000~ 1:10万	1:25万~ 1:100万	限制条件
810100	地类界	√	√	√	—
810300	耕地	√	√	—	—
810400	园地	√	√	—	—
810500	林地	√	√	√	—
810600	天然草地	√	√	√	—
820000	城市绿地	√	√	—	—
820100	人工绿地	√	√	—	—
820200	花圃花坛	√	√	—	—
820300	带状绿化树	√	√	—	—